基礎知識

1. 数字の書き方

検定問題の答えは，誰が見てもわかりやすい数字を書くことが求められる。

数字見本

0 1 2 3 4 5 6 7 8 9

なぞってみよう

0 1 2 3 4 5 6 7 8 9

0 1 2 3 4 5 6 7 8 9

なお，以下のような紛《まぎ》らわしい書き方をすると誤りになるので，注意しよう。

6 → 0か6かわからない　　7 → 1か7かわからない

6 → 4か6かわからない　　8 → 5か8かわからない

2. コンマと小数点の打ち方

答えを書く時，コンマは左に払う。小数点はコンマと区別しやすいように右下に向けて打つ。

¥1,234.56

3. 記号の表記

検定問題に出てくる記号には，以下のようなものがある。答えでこれらの記号を書く時は，誰が見ても読みやすい書き方を心がけよう。

通　貨　¥（円）　$（ドル）　€（ユーロ）　£（ポンド）

長　さ　m（メートル）　yd（ヤード）　ft（フィート）

重　さ　kg（キログラム）　lb（ポンド）

容　積　L（リットル）

百分率　%（パーセント）

4. 端数処理

検定問題で出題される端数処理の条件は，求める位**未満**での**4捨5入**，**切り捨て**，**切り上げ**である。次の例で確認しておこう。

例　¥12,345.67を以下の〈条件〉で端数処理するといくらになるか。

〈円未満4捨5入〉

円未満なので，円（1の位）を含まない1けた下位（小数第1位）の数を4捨5入して答えを求める。

答　¥12,346

〈円未満切り捨て〉

切り捨ての場合は，円（1の位）を含まない下位の端数を切り捨てて答えを求める。

答　¥12,345

〈円未満切り上げ〉

切り上げの場合は，円（1の位）を含まない下位の端数に関係なく，求める円の位に1を加えて答えを求める。

答　¥12,346

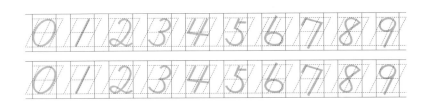

見取算問題(電卓)の解法

見取算の電卓受験者用問題では，「計」・「小計」・「合計」・「構成比率」が出題される。いずれも電卓の機能を十分に利用することが，速く，正確に計算するコツである。

見取算問題を珠算で受験する場合は，(1)〜(10)までの「計」の問題のみを解答する。

1. グランドトータル機能 [GT]

イコールキーを押すと計算結果が自動的に表示される。また，この結果はGTメモリーに加算され，表示窓に〔GT〕が表示される。GT機能を利用した計算例は次のとおりである。

例題1

No.	(1)	(2)	(3)	(4)	(5)
1	¥ 824	¥ 275	¥ 906	¥ 536	¥ 610
2	320	451	513	479	823
3	678	367	148	685	786
4	419	596	850	301	294
5	576	723	623	514	562
計	¥2,817	¥2,412	¥3,040	¥2,515	¥3,075
小計	(1)〜(3) ¥8,269			(4)〜(5) ¥5,590	

〈注意〉 まず，[AC] キーを押してGTメモリーをクリアする。

〈解説〉

(1) 824 [+] 320 [+] 678 [+] 419 [+] 576 [=] …… 2,817 **GT** と表示される。続けて，

(2) 275 [+] 451 [+] 367 [+] 596 [+] 723 [=] …… 2,412 **GT** と表示される。続けて，

(3) 906 [+] 513 [+] 148 [+] 850 [+] 623 [=] …… 3,040 **GT** と表示される。続けて，

答えの小計(1)〜(3) [GT] キーを押して 8,269 と計算結果が表示される。

[AC] キーを押して，(4)の計算に移る。

(4) 536 [+] 479 [+] 685 [+] 301 [+] 514 [=] …… 2,515 **GT** と表示される。続けて，

(5) 610 [+] 823 [+] 786 [+] 294 [+] 562 [=] …… 3,075 **GT** と表示される。続けて，

答えの小計(4)〜(5) [GT] キーを押して 5,590 と計算結果が表示される。

2. 固定小数点機能（ADD$_2$）

小数点セレクターを **ADD$_2$** にセットすれば，[・] を押さなくても自動的に小数第2位までの小数になるように小数点が表示される。本検定見取算問題の外貨計算（名数が$・€・£の計算）に最適な機能といえる。計算例は，次ページのとおりである。

例題2

No.	(1)	(2)	(3)	(4)	(5)
1	£ 3.17	£ 5.49	£ 6.72	£ 1.32	£ 4.35
2	7.94	8.76	8.39	8.19	7.18
3	8.30	9.52	5.26	5.82	1.96
4	6.27	6.51	2.38	3.08	9.60
5	4.51	2.03	3.81	6.74	8.27
計	£30.19	£32.31	£26.56	£25.15	£31.36

小計	(1)〜(3)	£ 89.06	(4)〜(5)	£ 56.51

〈解説〉 [AC] キーを押してGTメモリーをクリアする。

ラウンドセレクターを **5/4**，小数点セレクターを **ADD2** にセットする。

(1) 317 [+] 794 [+] 830 [+] 627 [+] 451 [=] …… *30.19* **GT** と表示される。続けて，

(2) 549 [+] 876 [+] 952 [+] 651 [+] 203 [=] …… *32.31* **GT** と表示される。続けて，

(3) 672 [+] 839 [+] 526 [+] 238 [+] 381 [=] …… *26.56* **GT** と表示される。続けて，

答えの小計(1)〜(3) [GT] キーを押して *89.06* と計算結果が表示される。

[AC] キーを押して，(4)の計算に移る。

(4) 132 [+] 819 [+] 582 [+] 308 [+] 674 [=] …… *25.15* **GT** と表示される。続けて，

(5) 435 [+] 718 [+] 196 [+] 960 [+] 827 [=] …… *31.36* **GT** と表示される。続けて，

答えの小計(4)〜(5) [GT] キーを押して *56.51* と計算結果が表示される。

3. メモリー機能

(1) メモリープラスキー [M+]

数値を記憶させる機能で，表示数を独立メモリーに加えるときに利用する。このキーを押すと，表示窓に〔**M**〕が表示される。また，イコールの機能もはたらくので，[=] のかわりに [M+] を押しても答えが求められ，同時にその答えを独立メモリーに記憶できる。

(2) メモリーリコールキー [MR]

このキーを押すと，独立メモリーに記憶されている数値が表示される。本検定見取算問題の小計をメモリープラスキーで記憶させ，メモリーリコールキーで合計を計算する。

(3) メモリークリアキー [MC]

このキーを押すと，表示窓に表示されている〔**M**〕が消え，同時に独立メモリーに記憶されている数値も消去される。メモリー機能を利用する前にはこのメモリークリアキーを押して，独立メモリーに記憶されている数値を消去することを忘れないように注意する。

4．パーセント機能 [%]

本検定見取算問題の構成比率を求めるときに利用する。小計金額を [M+] で記憶させ，合計金額を [MR] で計算する。続けて**計・小計** [÷] [MR] [%] で構成比率が計算できる。また，本検定見取算問題の構成比率はパーセントの小数第2位未満4捨5入なので，ラウンドセレクターを **5/4**，小数点セレクターを **2** にセットすると，より簡単に算出できる。

5. 定数計算

定数にしたい数値を置いた後，四則計算キーを2回押すとセットされ，表示窓の左に〔**M**〕，〔**K**〕が表示される。以後は数字と [=]（イコールキー）を押しながら定数の計算ができる。本検定見取算問題の構成比率を求める場合，合計金額を定数として（**合計金額** [÷] [÷]），続けて**計・小計** [%] で求められる。

※ この機能がない機種や操作が異なる機種もある。取扱説明書をよく確認すること。

以上のすべての機能を利用した計算例は，次のとおりである。

例題3

No.	(1)	(2)	(3)	(4)	(5)
1	¥ 726	¥ 147	¥ 758	¥ 478	¥ 201
2	865	571	976	892	713
3	267	614	306	580	369
4	793	450	524	316	795
5	329	782	681	904	982
計	¥2,980	¥2,564	¥3,245	¥3,170	¥3,060

答えの小計合計	小計(1)〜(3)	¥8,789	小計(4)〜(5)	¥6,230
	合計E(1)〜(5)	¥15,019		

合計Eに対する構成比率	(1) 19.84%	(2) 17.07%	(3) 21.61%	(4) 21.11%	(5) 20.37%
	(1)〜(3)	58.52%	(4)〜(5)	41.48%	

〈解説〉 [AC] キーを押してメモリーをクリアする。

(1) 726 [+] 865 [+] 267 [+] 793 [+] 329 [=] …… 2,980 **GT** と表示される。続けて,
(2) 147 [+] 571 [+] 614 [+] 450 [+] 782 [=] …… 2,564 **GT** と表示される。続けて,
(3) 758 [+] 976 [+] 306 [+] 524 [+] 681 [=] …… 3,245 **GT** と表示される。続けて,
答えの小計(1)〜(3) [GT] キーを押して 8,789 と計算結果が表示される。
[M+] キーを押して 8,789 **GT M** と表示される。
[AC] キーを押して 0 **M** と表示される。続けて
(4) 478 [+] 892 [+] 580 [+] 316 [+] 904 [=] …… 3,170 **GT** と表示される。続けて,
(5) 201 [+] 713 [+] 369 [+] 795 [+] 982 [=] …… 3,060 **GT** と表示される。続けて,
答えの小計(4)〜(5) [GT] キーを押して 6,230 と計算結果が表示される。
[M+] キーを押して 6,230 **GT M** と表示される。
答えの合計(E) [MR] キーを押して 15,019 と計算結果が表示される。
ラウンドセレクターを **5/4**, 小数点セレクターを **2** にセットする。続けて,
合計Eに対する(1)の比率 [÷][÷] 2,980 [%]
…… 19.84 **GT M K** と表示される。続けて,
合計Eに対する(2)の比率 2,564 [%] …… 17.07 **GT M K** と表示される。続けて,
合計Eに対する(3)の比率 3,245 [%] …… 21.61 **GT M K** と表示される。続けて,
合計Eに対する(4)の比率 3,170 [%] …… 21.11 **GT M K** と表示される。続けて,
合計Eに対する(5)の比率 3,060 [%] …… 20.37 **GT M K** と表示される。続けて,
※合計Eに対する(1)〜(3)の比率
8,789 [%] …… 58.52 **GT M K** と表示される。続けて,
合計Eに対する(4)〜(5)の比率
6,230 [%] …… 41.48 **GT M K** と表示される。
または, ※のところから, 合計Eに対する(4)〜(5)の比率
[GT][%] …… 41.48 **GT M K** と表示される。続けて,
合計Eに対する(1)〜(3)の比率
[−] 100 [=][+/−] …… 58.52 **GT M K** と表示される。

◆練習問題1◆

No.	(1)	(2)	(3)	(4)	(5)
1	¥ 812	¥ 284	¥ 164	¥ 510	¥ 386
2	937	371	961	-498	705
3	463	-269	205	827	934
4	140	840	843	-631	280
5	759	-385	786	204	197
計					

答えの小計合計		
	小計(1)〜(3)	小計(4)〜(5)
	合計E(1)〜(5)	

合計Eに対する構成比率					
	(1)	(2)	(3)	(4)	(5)
	(1)〜(3)			(4)〜(5)	

◆練習問題2◆

No.	(1)	(2)	(3)	(4)	(5)
1	¥ 152	¥ 4,275	¥ 491	¥ 9,835	¥ 295
2	7,638	361	3,067	467	3,840
3	901	-9,802	286	1,982	634
4	1,590	563	9,352	-508	9,057
5	682	2,018	108	3,217	928
6	4,853	756	2,065	489	2,543
7	163	-7,630	354	-4,076	601
8	8,540	-987	1,549	-243	5,936
9	197	3,654	862	7,105	482
10	2,089	309	3,071	694	1,760
計					

答えの小計合計		
	小計(1)〜(3)	小計(4)〜(5)
	合計E(1)〜(5)	

合計Eに対する構成比率					
	(1)	(2)	(3)	(4)	(5)
	(1)〜(3)			(4)〜(5)	

No.	(6)	(7)	(8)	(9)	(10)
1	€ 9.48	€ 40.67	€ 8.52	€ 38.91	€ 2.60
2	17.83	3.91	17.80	5.34	30.79
3	4.61	82.48	4.69	72.63	3.47
4	50.93	6.56	74.60	9.02	-19.02
5	2.85	90.74	-1.38	48.25	5.84
6	73.20	4.15	-58.75	8.34	82.57
7	1.06	26.58	2.03	27.58	-6.40
8	29.34	7.32	69.41	9.27	39.51
9	8.59	69.83	-7.14	15.86	-4.19
10	42.38	9.71	90.92	4.70	90.35
計					

答えの小計合計		
	小計(6)〜(8)	小計(9)〜(10)
	合計F(6)〜(10)	

合計Fに対する構成比率					
	(6)	(7)	(8)	(9)	(10)
	(6)〜(8)			(9)〜(10)	

乗算・除算問題（電卓）の解法

乗算・除算問題を珠算で受験する場合は，1〜10までの問題のみを解答する。電卓で受験する場合は，珠算の問題に加えて，答えの小計・合計と合計に対する構成比率を解答する。

1．乗算問題

例題1　ここでは，電卓で解答する問題の計算例を示す。

（注意）円未満４捨５入，構成比率はパーセントの小数第２位未満４捨５入

1	¥ 792 × 8.5 = ¥6,732
2	¥ 4,611 × 38 = ¥175,218
3	¥ 153 × 0.6264 = ¥96
4	¥ 86 × 930 = ¥79,980
5	¥ 509 × 28.7 = ¥14,608

<table>
<tr><th>答えの小計・合計</th><th colspan="2">合計Aに対する構成比率</th></tr>
<tr><td rowspan="3">小計(1)〜(3)
¥182,046</td><td>(1) 2.43%</td><td rowspan="3">(1)〜(3)
65.81%</td></tr>
<tr><td>(2) 63.34%</td></tr>
<tr><td>(3) 0.03%</td></tr>
<tr><td rowspan="2">小計(4)〜(5)
¥94,588</td><td>(4) 28.91%</td><td rowspan="2">(4)〜(5)
34.19%</td></tr>
<tr><td>(5) 5.28%</td></tr>
<tr><td>合計A(1)〜(5)
¥276,634</td><td colspan="2"></td></tr>
</table>

〈注意〉　まず，[AC]キーを押してGTメモリーをクリアする。

〈解説〉　記号が¥なので，ラウンドセレクターを**5/4**，小数点セレクターを**0**にセットする。

（記号が¥以外の場合は，ラウンドセレクターを**5/4**，小数点セレクターを**2**にセットする。）

(1)　792 [×] 8.5 [=] …… 6,732 **GT** と表示される。続けて，

(2)　4,611 [×] 38 [=] …… 175,218 **GT** と表示される。続けて，

(3)　153 [×] [・] 6264 [=] …… 96 **GT** と表示される。続けて，

答えの小計　(1)〜(3)　[GT] …… 182,046 **GT** と表示される。

[M+] …… 182,046 **GT M** と表示される。

[AC] …… 0 **M** と表示される。続けて，

(4)　86 [×] 930 [=] …… 79,980 **GT M** と表示される。続けて，

(5)　509 [×] 28.7 [=] …… 14,608 **GT M** と表示される。続けて，

答えの小計　(4)〜(5)　[GT] …… 94,588 **GT M** と表示される。

[M+] …… 94,588 **GT M** と表示される。

合計A　(1)〜(5)　[MR] …… 276,634 **GT M** と表示される。続けて，

小数点セレクターを**2**にセットする。続けて，

合計Aに対する構成比率　[÷][÷]

(1)　6,732 [%] …… 2.43 **GT M K** と表示される。続けて，

(2)　175,218 [%] …… 63.34 **GT M K** と表示される。続けて，

(3)　96 [%] …… 0.03 **GT M K** と表示される。続けて，

(4)　79,980 [%] …… 28.91 **GT M K** と表示される。続けて，

(5)　14,608 [%] …… 5.28 **GT M K** と表示される。続けて，

(1)〜(3)　182,046 [%] … 65.81 **GT M K** と表示される。続けて，

(4)〜(5)　94,588 [%] … 34.19 **GT M K** と表示される。

または，

(4)〜(5)　[GT][%] … 34.19

(1)〜(3)　[−] 100 [=][±] … 65.81

◆練習問題◆

（注意）円未満４捨５入，構成比率はパーセントの小数第２位未満４捨５入

1	¥ 8,216 × 5,030 =
2	¥ 3,839 × 0.64 =
3	¥ 130 × 4,675 =
4	¥ 20,471 × 97.2 =
5	¥ 4,693 × 188 =

<table>
<tr><th>答えの小計・合計</th><th colspan="2">合計Aに対する構成比率</th></tr>
<tr><td rowspan="3">小計(1)〜(3)</td><td>(1)</td><td rowspan="3">(1)〜(3)</td></tr>
<tr><td>(2)</td></tr>
<tr><td>(3)</td></tr>
<tr><td rowspan="2">小計(4)〜(5)</td><td>(4)</td><td rowspan="2">(4)〜(5)</td></tr>
<tr><td>(5)</td></tr>
<tr><td>合計A(1)〜(5)</td><td colspan="2"></td></tr>
</table>

2. 除算問題

例題2

（注意）セント未満４捨５入，構成比率はパーセントの小数第２位未満４捨５入

1	$	429.24	÷	49	=	$8.76
2	$	183.40	÷	30.88	=	$5.94
3	$	34.25	÷	13.7	=	$2.50
4	$	8.08	÷	0.65	=	$12.43
5	$	693.42	÷	762	=	$0.91

答えの小計・合計	合計Cに対する構成比率	
小計(1)〜(3)	(1) 28.68%	(1)〜(3)
	(2) 19.45%	
$17.20	(3) 8.19%	56.32%
小計(4)〜(5)	(4) 40.70%	(4)〜(5)
$13.34	(5) 2.98%	43.68%
合計C(1)〜(5) $30.54		

〈注意〉 まず，[AC]キーを押してGTメモリーをクリアする。

〈解説〉 記号が**$**（または**€・£**）の場合は，ラウンドセレクターを**5/4**，小数点セレクターを**2**にセットする。記号が**¥**の場合は，ラウンドセレクターを**5/4**，小数点セレクターを**0**にセットする。

(1) 429.24 [÷] 49 [=] …… 8.76 **GT** と表示される。続けて，
(2) 183.4 [÷] 30.88 [=] …… 5.94 **GT** と表示される。続けて，
(3) 34.25 [÷] 13.7 [=] …… 2.50 **GT** と表示される。続けて，
答えの小計 (1)〜(3) [GT] …… 17.20 **GT** と表示される。
[M+] …… 17.20 **GT M** と表示される。
[AC] …… 0 **M** と表示される。
(4) 8.08 [÷][・] 65 [=] …… 12.43 **GT M** と表示される。続けて，
(5) 693.42 [÷] 762 [=] …… 0.91 **GT M** と表示される。続けて，
答えの小計 (4)〜(5) [GT] …… 13.34 **GT M** と表示される。
[M+] …… 13.34 **GT M** と表示される。
合計C (1)〜(5) [MR] …… 30.54 **GT M** と表示される。続けて，
小数点セレクターを２にセットする。続けて，
合計Cに対する構成比率 [÷][÷]
(1) 8.76 [%] …… 28.68 **GT M K** と表示される。続けて，
(2) 5.94 [%] …… 19.45 **GT M K** と表示される。続けて，
(3) 2.5 [%] …… 8.19 **GT M K** と表示される。続けて，
(4) 12.43 [%] …… 40.70 **GT M K** と表示される。続けて，
(5) [・] 91 [%] …… 2.98 **GT M K** と表示される。続けて，
(1)〜(3) 17.2 [%] …… 56.32 **GT M K** と表示される。続けて，
(4)〜(5) 13.34 [%] …… 43.68 **GT M K** と表示される。

または，
(4)〜(5) [GT][%] … 43.68
(1)〜(3) [−] 100 [=][+/−] … 56.32

◆練習問題◆

（注意）セント未満４捨５入，構成比率はパーセントの小数第２位未満４捨５入

1	$	3,684.33	÷	40.2	=	
2	$	22.71	÷	6.5	=	
3	$	6,479.20	÷	728	=	
4	$	92.59	÷	12.33	=	
5	$	1,936.26	÷	31	=	

答えの小計・合計	合計Cに対する構成比率	
小計(1)〜(3)	(1)	(1)〜(3)
	(2)	
	(3)	
小計(4)〜(5)	(4)	(4)〜(5)
	(5)	
合計C(1)〜(5)		

ビジネス計算問題の解法

ビジネス計算部門は，次のⅠ～Ⅴの分野で20題が出題され，制限時間の30分で解答する。配点は1題5点で，100点満点中70点以上を合格とする。なお，普通計算部門にも合格すると，当該級の合格と認定される。

出題分野と内容

Ⅰ．割合に関する計算

　簡単な割合に関する計算

Ⅱ．貨幣換算

　円とドル，円とポンド，円とユーロの計算

Ⅲ．度量衡の計算

　メートル法，ヤード・ポンド法の計算

Ⅳ．売買・損益の計算

　簡単な売買・損益の計算，代価計算

Ⅴ．単利計算

　利息・元利合計を求める計算

1．度量衡と外国貨幣の換算

ある制度によって表されている度量衡や貨幣を，同じ量や同じ価値があるほかの名称の度量衡や貨幣にかえることを，**換算**という。換算では，換算される数を**被換算高**，換算された数を**換算高**といい，被換算高と換算高の割合を**換算率**という。

1．度量衡の換算

現在，世界で用いられる度量衡は，メートル法をもとにした国際単位系（SI）に統一されているが，慣習として，ヤード・ポンド法など，SI単位とは異なる単位系が使用されている国もある。度量衡の換算では，次のように覚えておくとよい。

①　被換算高と換算率が異なる制度の場合

換算高＝被換算高×換算率

②　被換算高と換算率が同一制度の場合

換算高＝被換算高÷換算率

例題1　ヤードからメートルへの換算

500ydは何メートルか。ただし，1yd＝0.9144mとする。（メートル未満4捨5入）

〈解説〉 $0.9144\text{m}\times\dfrac{500\text{yd}}{1\text{yd}}=457\text{m}$

答　457m

〈キー操作〉 ラウンドセレクターを**5/4**，小数点セレクターを**0**にセット

[•] 9144 [×] 500 [=]

例題2　メートルからヤードへの換算

700mは何ヤードか。ただし，1yd＝0.9144mとする。（ヤード未満4捨5入）

〈解説〉 $1\text{yd}\times\dfrac{700\text{m}}{0.9144\text{m}}=766\text{yd}$

答　766yd

〈キー操作〉 ラウンドセレクターを**5/4**，小数点セレクターを**0**にセット

700 [÷] [・] 9144 [=]

例題3　ポンドからキログラムへの換算

200lbは何キログラムか。ただし，1lb＝0.4536kgとする。（キログラム未満4捨5入）

〈解説〉 $0.4536\text{kg}\times\frac{200\text{lb}}{1\text{lb}}=91\text{kg}$

答　91kg

〈キー操作〉 ラウンドセレクターを**5/4**，小数点セレクターを**0**にセット

[・] 4536 [×] 200 [=]

例題4　キログラムからポンドへの換算

300kgは何ポンドか。ただし，1lb＝0.4536kgとする。（ポンド未満4捨5入）

〈解説〉 $1\text{lb}\times\frac{300\text{kg}}{0.4536\text{kg}}=661\text{lb}$

答　661lb

〈キー操作〉 ラウンドセレクターを**5/4**，小数点セレクターを**0**にセット

300 [÷] [・] 4536 [=]

◆練習問題◆

(1)　270ydは何メートルか。ただし，1yd＝0.9144mとする。（メートル未満4捨5入）

答＿＿＿＿＿＿

(2)　300mは何ヤードか。ただし，1yd＝0.9144mとする。（ヤード未満4捨5入）

答＿＿＿＿＿＿

(3)　480ftは何メートルか。ただし，1ft＝0.3048mとする。（メートル未満4捨5入）

答＿＿＿＿＿＿

(4)　530mは何フィートか。ただし，1ft＝0.3048mとする。（フィート未満4捨5入）

答＿＿＿＿＿＿

(5)　65英トンは何キログラムか。ただし，1英トン＝1,016kgとする。

答＿＿＿＿＿＿

(6)　9,800kgは何米トンか。ただし，1米トン＝907.2kgとする。（米トン未満4捨5入）

答＿＿＿＿＿＿

(7)　500英ガロンは何リットルか。ただし，1英ガロン＝4.546Ｌとする。

答＿＿＿＿＿＿

(8)　870Ｌは何米ガロンか。ただし，1米ガロン＝3.785Ｌとする。
（米ガロン未満4捨5入）

答＿＿＿＿＿＿

(9)　290lbは何キログラムか。ただし，1lb＝0.4536kgとする。
（キログラム未満4捨5入）

答＿＿＿＿＿＿

(10)　320kgは何ポンドか。ただし，1lb＝0.4536kgとする。（ポンド未満4捨5入）

答＿＿＿＿＿＿

練習問題の解答

(1) 247m　(2) 328yd　(3) 146m　(4) 1,739ft　(5) 66,040kg　(6) 11米トン　(7) 2,273Ｌ　(8) 230米ガロン　(9) 132kg　(10) 705lb

2. 外国貨幣の換算

外国との売買取引を行うとき，外国の通貨を自国の通貨に換算したり，自国の通貨を外国の通貨に換算することが必要となる。これを**貨幣換算**といい，異なる名称の通貨の交換の比率を**換算率**という。貨幣の換算は，度量衡の換算と同じ考え方で行えばよい。

本検定では，円，ドル，ポンド，ユーロの４種類の貨幣の換算が出題される。

例題1　ドルから円への換算

$78.60は円でいくらか。ただし，$1＝¥110とする。

〈解説〉 $\yen 110 \times \frac{\$78.60}{\$1} = \yen 8{,}646$　　答　¥8,646

〈キー操作〉 110 [×] 78.6 [=]

例題2　円からドルへの換算

¥3,700は何ドル何セントか。ただし，$1＝¥108とする。（セント未満4捨5入）

〈解説〉 $\$1 \times \frac{\yen 3{,}700}{\yen 108} = \$34.26$　　答　$34.26

〈キー操作〉 ラウンドセレクターを**5/4**，小数点セレクターを**2**にセット

3,700 [÷] 108 [=]

例題3　ユーロから円への換算

€36.20は円でいくらか。ただし，€1＝¥130とする。

〈解説〉 $\yen 130 \times \frac{\text{€}36.20}{\text{€}1} = \yen 4{,}706$　　答　¥4,706

〈キー操作〉 130 [×] 36.2 [=]

例題4　円からユーロへの換算

¥52,602は何ユーロ何セントか。ただし，€1＝¥132とする。

〈解説〉 $\text{€}1 \times \frac{\yen 52{,}602}{\yen 132} = \text{€}398.50$　　答　€398.50

〈キー操作〉 52,602 [÷] 132 [=]

例題5　ポンドから円への換算

£69.50は円でいくらか。ただし，£1＝¥154とする。

〈解説〉 $\yen 154 \times \frac{\pounds 69.50}{\pounds 1} = \yen 10{,}703$　　答　¥10,703

〈キー操作〉 154 [×] 69.5 [=]

例題6　円からポンドへの換算

¥24,500は何ポンド何ペンスか。ただし，£1＝¥156とする。（ペンス未満4捨5入）

〈解説〉 $\pounds 1 \times \frac{\yen 24{,}500}{\yen 156} = \pounds 157.05$　　答　£157.05

〈キー操作〉 ラウンドセレクターを**5/4**，小数点セレクターを**2**にセット

24,500 [÷] 156 [=]

◆練習問題◆

(1)　$81.40は円でいくらか。ただし，$1=¥115とする。

答 ＿＿＿＿＿＿＿＿

(2)　¥6,500は何ドル何セントか。ただし，$1=¥107とする。（セント未満4捨5入）

答 ＿＿＿＿＿＿＿＿

(3)　€49.80は円でいくらか。ただし，€1=¥120とする。

答 ＿＿＿＿＿＿＿＿

(4)　¥5,400は何ユーロ何セントか。ただし，€1=¥134とする。（セント未満4捨5入）

答 ＿＿＿＿＿＿＿＿

(5)　£37.20は円でいくらか。ただし，£1=¥160とする。

答 ＿＿＿＿＿＿＿＿

(6)　¥9,600は何ポンド何ペンスか。ただし，£1=¥149とする。（ペンス未満4捨5入）

答 ＿＿＿＿＿＿＿＿

2. 割合に関する計算

1. 割合の表し方と計算

割合は，売買をはじめとしたさまざまなビジネス活動に関する計算の基礎として，とても重要である。割合は，小数・百分率（%，パーセント）・歩合・分数などで表される。

割合＝比較量÷基準量

例題1　割合を求める計算

¥50,000は¥100,000の何パーセントにあたるか。

〈解説〉¥50,000÷¥100,000=0.5　　答 50%

〈キー操作〉50,000 ÷ 100,000 %（=）

◆練習問題◆

(1)　¥7,000は¥28,000の何パーセントか。

答 ＿＿＿＿＿＿＿＿

(2)　¥21,000は¥35,000の何割にあたるか。

答 ＿＿＿＿＿＿＿＿

2. 比較量と基準量の計算

比較量＝基準量×割合

基準量＝比較量÷割合

例題2　比較量を求める計算

¥350,000の24%はいくらか。

〈解説〉¥350,000×0.24=¥84,000　　答 ¥84,000

〈キー操作〉350,000 × • 24 =

練習問題の解答

貨幣換算　(1) ¥9,361　(2) $60.75　(3) ¥5,976　(4) €40.30　(5) ¥5,952　(6) £64.43

割　　合　(1) 25%　(2) 6割

例題3　基準量を求める計算

ある金額の3割が¥144,000であった。ある金額はいくらか。

〈解説〉¥144,000÷0.3＝¥480,000　　答　¥480,000

〈キー操作〉144,000 [÷] [•] 3 [＝]

◆練習問題◆

(3)　¥620,000の8％はいくらか。

答

(4)　ある金額の2割5分が¥21,000であった。ある金額はいくらか。

答

3. 割増しの計算

割増しの結果＝基準量×（1＋増加量の割合）

例題4　割増しの結果を求める計算

¥120,000の42％増しはいくらか。

〈解説〉¥120,000×（1＋0.42）＝¥170,400　　答　¥170,400

〈キー操作〉120,000 [×] 1.42 [＝]

例題5　割増しの結果から基準量を求める計算

ある金額の2割増しが¥780,000であった。ある金額はいくらか。

〈解説〉¥780,000÷（1＋0.2）＝¥650,000　　答　¥650,000

〈キー操作〉780,000 [÷] 1.2 [＝]

例題6　増加量の割合を求める計算

¥552,000は¥460,000の何パーセント増しか。

〈解説〉¥552,000÷¥460,000－1＝0.2

または，

¥552,000－¥460,000＝¥92,000（増加額）

¥92,000÷¥460,000＝0.2　　答　20％（増し）

〈キー操作〉552,000 [÷] 460,000 [－] 1 [%]

または，552,000 [－] 460,000 [÷] 460,000 [%]

◆練習問題◆

(5)　¥540,000の35％増しはいくらか。

答

(6)　ある金額の1割2分増しが¥582,400であった。ある金額はいくらか。

答

(7)　ある会社の先月の売上高は¥220,000で，今月の売上高は¥253,000であった。先月に比べて売上高は何パーセント増加したか。

答

4. 割引きの計算

割引きの結果＝基準量×（1－減少量の割合）

練習問題の解答

(3) ¥49,600　(4) ¥84,000　(5) ¥729,000　(6) ¥520,000　(7) 15％（増加）

例題7　割引きの結果を求める計算

¥460,000の15%引きはいくらか。

〈解説〉 ¥460,000×(1−0.15)=¥391,000　　**答**　¥391,000

〈キー操作〉 1 [−][・] 15 [×] 460,000 [=]

例題8　割引きの結果から基準量を求める計算

ある金額の38%引きが¥279,000であった。ある金額はいくらか。

〈解説〉 ¥279,000÷(1−0.38)=¥450,000　　**答**　¥450,000

〈キー操作〉 1 [−][・] 38 [M+] 279,000 [÷][MR][=]

例題9　減少量の割合を求める計算

¥68,000は¥85,000の何パーセント引きか。

〈解説〉 1−¥68,000÷¥85,000=0.2

または，

¥85,000−¥68,000=¥17,000（値引額）

¥17,000÷¥85,000=0.2　　**答**　20%(引き)

〈キー操作〉 68,000 [÷] 85,000 [−] 1 [%] [+/−]

または，85,000 [M+][−] 68,000 [÷][MR] [%]

◆練習問題◆

(8)　¥85,000の25%引きはいくらか。

答

(9)　ある金額の15%引きが¥340,000であった。ある金額はいくらか。

答

(10)　¥63,000は¥90,000の何パーセント引きか。

答

3.　売買・損益の計算

1.　商品の数量と代価の計算

商品の代価は，単価に数量をかけて求める。商品の価格（単価）は，「1個¥80，1箱¥800，10kg¥3,900」というように，一定の基準となる数量（**建**）に対する価格（**建値**）で示される。商品の代価は次のように計算される。

$$\text{商品の代価}=\text{単価(建値)}\times\frac{\text{取引数量}}{\text{基準数量(建)}}$$

例題1　商品代価を求める計算

10kgにつき¥5,300の商品を300kg販売した。代価はいくらになるか。

〈解説〉 $¥5,300\times\dfrac{300\text{kg}}{10\text{kg}}=¥159,000$　　**答**　¥159,000

〈キー操作〉 5,300 [×] 300 [÷] 10 [=]

練習問題の解答

(8) ¥63,750　(9) ¥400,000　(10) 30%(引き)

例題2　数量を求める計算

ある商品を10個につき¥2,700で仕入れ，代金¥240,300を支払った。仕入数量は何個であったか。

〈解説〉 $10個 \times \frac{¥240,300}{¥2,700} = 890個$　　　　答　890個

〈キー操作〉 10 ⊠ 240,300 ÷ 2,700 ＝

◆練習問題◆

(1)　30kgにつき¥5,000の商品を600kg仕入れた。代価はいくらか。

答　＿＿＿＿

(2)　100lbにつき¥1,900の商品を販売し，代価¥102,600を受け取った。販売数量は何ポンドであったか。

答　＿＿＿＿

2. 仕入原価

商品の仕入価額に，その商品を仕入れるために要した引取運賃や倉庫料などの諸費用（**仕入諸掛**）を加えた金額を**仕入原価**（**諸掛込原価**），または，単に**原価**とよぶ。

例題3　仕入原価を求める計算

ある商品を1mにつき¥650で840m仕入れ，仕入諸掛¥27,000を支払った。この商品の仕入原価はいくらか。

〈解説〉 $¥650 \times \frac{840m}{1m} + ¥27,000 = ¥573,000$　　　　答　¥573,000

〈キー操作〉 650 ⊠ 840 ⊞ 27,000 ＝

例題4　商品代価から利益額を求める計算

1mにつき¥380の商品を470m仕入れた。この商品に仕入原価の2割5分の利益を見込むと，利益額はいくらか。

〈解説〉 $¥380 \times \frac{470m}{1m} = ¥178,600$（商品代価）

$¥178,600 \times 0.25 = ¥44,650$　　　　答　¥44,650

〈キー操作〉 380 ⊠ 470 ⊠ ⊡ 25 ＝

例題5　仕入原価から売上高を求める計算

ある商品を¥273,500で仕入れ，諸掛り¥16,500を支払った。この商品に諸掛込原価の18%の利益をみて販売すると，売上高はいくらか。

〈解説〉 $¥273,500 + ¥16,500 = ¥290,000$（諸掛込原価）

$¥290,000 \times (1 + 0.18) = ¥342,200$　　　　答　¥342,200

〈キー操作〉 273,500 ⊞ 16,500 ⊠ 1.18 ＝

練習問題の解答

(1) ¥100,000　(2) 5,400lb

◆練習問題◆

(3) ある商品を1ダースにつき¥3,800で50ダース仕入れ，仕入諸掛¥9,000を支払った。この商品の仕入原価はいくらか。

答＿＿＿＿＿＿＿＿

(4) 1ydにつき¥260の商品を740yd仕入れた。この商品に仕入原価の2割9分の利益を見込むと，利益額はいくらか。

答＿＿＿＿＿＿＿＿

(5) ある商品を¥456,700で仕入れ，諸掛り¥33,300を支払った。この商品に諸掛込原価の23％の利益をみて販売すると，売上高はいくらか。

答＿＿＿＿＿＿＿＿

3. 値入れと予定売価

商品を売るときの金額は，仕入原価に利益額を加えて求められる。この金額を**予定売価**という。このように，仕入原価に利益額を加えることを**値入れ**といい，この割合を**見込利益率**または**値入率**という。

見込利益額＝仕入原価×見込利益率

予 定 売 価＝仕入原価＋見込利益額

予 定 売 価＝仕入原価×（1＋見込利益率）

見込利益率＝予定売価÷仕入原価－1

例題6　利益額を求める計算

原価¥200,000の商品に，原価の13％の利益を見込んで予定売価をつけた。利益額はいくらか。

〈解説〉 ¥200,000×0.13＝¥26,000　　答 ¥26,000

〈キー操作〉 200,000 [×] [・] 13 [=]

例題7　原価から予定売価を求める計算

原価¥300,000の商品に，原価の25％の利益を見込んで予定売価をつけた。予定売価はいくらか。

〈解説〉 ¥300,000×（1＋0.25）＝¥375,000　　答 ¥375,000

〈キー操作〉 300,000 [×] 1.25 [=]

例題8　予定売価から原価を求める計算

ある商品を¥780,000で売ると，原価の3割の利益がある。この商品の原価はいくらか。

〈解説〉 ¥780,000÷（1＋0.3）＝¥600,000　　答 ¥600,000

〈キー操作〉 780,000 [÷] 1.3 [=]

例題9　利益率を求める計算

原価¥400,000の商品を販売して¥80,000の利益を得た。利益額は原価の何パーセントであったか。

〈解説〉 ¥80,000÷¥400,000＝0.2　　答 20％

〈キー操作〉 80,000 [÷] 400,000 [%]（[=]）

練習問題の解答

(3) ¥199,000　(4) ¥55,796　(5) ¥602,700

◆練習問題◆

(6) 原価¥750,000の商品に，原価の35％の利益を見込んで予定売価をつけた。利益額はいくらか。

答 ＿＿＿＿＿＿＿＿

(7) 原価¥670,000の商品に，原価の20％の利益を見込んで予定売価をつけた。予定売価はいくらか。

答 ＿＿＿＿＿＿＿＿

(8) ¥700,000で売ると，原価の4割の利益がある商品の原価はいくらか。

答 ＿＿＿＿＿＿＿＿

(9) 原価¥500,000の商品を販売して¥120,000の利益を得た。利益額は原価の何パーセントであったか。

答 ＿＿＿＿＿＿＿＿

4. 値引きと実売価

商品を販売するとき，取引の条件などによって，予定売価から値引きが行われることがある。この場合，値引額を予定売価に対する割合で示すことが多く，値引きの割合を**値引率**といい，値引きした後の金額を**実売価**という。

なお，実売価を「予定売価の２割引き」や「予定売価の８掛」のように示して，値引きすることもある。

値引額＝予定売価×値引率

実売価＝予定売価×(1－値引率)

値引率＝1－実売価÷予定売価

例題10　値引額を求める計算

予定売価¥80,000の商品を予定売価の25％引きで販売すると，値引額はいくらか。

〈解説〉¥80,000×0.25＝¥20,000　　答 ¥20,000

〈キー操作〉80,000 [×][・] 25 [＝]

例題11　予定売価から実売価を求める計算

予定売価¥120,000の商品を予定売価の8掛で販売すると，実売価はいくらか。

〈解説〉¥120,000×0.8＝¥96,000　　答 ¥96,000

〈キー操作〉120,000 [×][・] 8 [＝]

例題12　実売価から予定売価を求める計算

ある商品を予定売価から1割7分引きして¥207,500で販売した。予定売価はいくらであったか。

〈解説〉¥207,500÷(1－0.17)＝¥250,000　　答 ¥250,000

〈キー操作〉1 [－][・] 17 [M+] 207,500 [÷][MR][＝]

練習問題の解答

(6) ¥262,500　(7) ¥804,000　(8) ¥500,000　(9) 24％

例題13　値引率を求める計算

予定売価¥500,000の商品を予定売価から¥100,000値引きして販売した。値引額は予定売価の何パーセントであったか。

〈解説〉 ¥100,000÷¥500,000＝0.2　　　**答**　20%

〈キー操作〉 100,000 [÷] 500,000 [%]（[=]）

◆練習問題◆

(10)　予定売価¥900,000の商品を，予定売価の16%引きで販売した。値引額はいくらであったか。

答　＿＿＿＿＿＿

(11)　予定売価¥760,000の商品を，予定売価の20%引きで販売した。実売価はいくらか。

答　＿＿＿＿＿＿

(12)　ある商品を予定売価の24%引きで販売し，代金¥273,600を受け取った。予定売価はいくらであったか。

答　＿＿＿＿＿＿

(13)　予定売価¥600,000の商品を¥102,000値引きして販売した。値引額は予定売価の何パーセントであったか。

答　＿＿＿＿＿＿

4.　単利の計算

1.　日数の計算

利息の計算では，日数を最初に計算しなければならない問題がある。日数の計算には**片落とし**と**両《りょう》端《は》入れ**があり，普通は片落としで計算され，両端入れのときはこれに１日加える。

〈例〉 ４月25日から６月30日までは何日間になるか。

各月の日数を合計していく。

４月　30日－25日＝5日（４月の残り日数）

５月　31日

６月　30日

計　66日

答　片落とし…66日，両端入れ…67日

日数計算機能のある電卓では，次のように計算する。

〈キー操作〉 セレクターを片落としに合わせる。

[AC] [4] [日数] [2] [5] [～] [6] [日数] [3] [0] [=]

〈注意〉 両端入れのときは，セレクターを変える。

練習問題の解答

(10) ¥144,000　(11) ¥608,000　(12) ¥360,000　(13) 17%

◆練習問題◆

(1) 9月16日から11月24日まで（片落とし）

答 ________

(2) 7月20日から10月15日まで（両端入れ）

答 ________

(3) 1月9日から4月10日まで（平年，片落とし）

答 ________

(4) 6月12日から8月25日まで（両端入れ）

答 ________

2. 単利の計算

例題1　利息を求める計算（期間が月数の場合）

元金¥190,000を年利率2.8%で1年6か月間借りると，利息はいくらか。

〈解説〉

利息＝元金×利率×期間

期間が月数で示されているときは，$\frac{\text{月数}}{12}$で計算する。

$¥190,000 \times 0.028 \times \frac{18}{12} = ¥7,980$　　答 ¥7,980

〈キー操作〉190,000 [×][・] 028 [×] 18 [÷] 12 [=]

〈注意〉1．電卓で端数が生じた場合は，指定された処理条件にしたがって処理する。

2．[M+] などのメモリー機能を使用したときは，次の計算に入る前に，[MC] を必ず押す。

3．0.028は [・][0][2][8] と入力してよい。

〈留意〉期間の月数が次のような場合は，年単位で利息を計算するとよい。

3か月＝$\frac{3}{12}$年＝0.25年　　6か月＝$\frac{6}{12}$年＝0.5年

9か月＝$\frac{9}{12}$年＝0.75年

◆練習問題◆

(5) ¥650,000を年利率3.9%で8か月間貸すと，利息はいくらか。

答 ________

(6) 元金¥760,000を年利率4.5%で1年5か月間借りると，利息はいくらか。

答 ________

(7) ¥340,000を年利率2.4%で1年3か月間貸すと，利息はいくらか。

答 ________

(8) 元金¥810,000を年利率5.3%で1年7か月間借りると，利息はいくらか。
（円未満切り捨て）

答 ________

練習問題の解答

(1) 69日　(2) 88日　(3) 91日　(4) 75日　(5) ¥16,900　(6) ¥48,450　(7) ¥10,200　(8) ¥67,972

例題2　利息を求める計算（期間が日数の場合）

元金¥420,000を年利率1.9%で70日間借りると，利息はいくらか。（円未満切り捨て）

〈解説〉

利息＝元金×利率×期間

期間が日数で示されているときは，$\frac{\text{日数}}{365}$で計算する。

¥420,000 × 0.019 × $\frac{70}{365}$ = ¥1,530　　　**答**　¥1,530

〈キー操作〉 ラウンドセレクターを**CUT**，小数点セレクターを**0**にセット

420,000 [×] [•] 019 [×] 70 [÷] 365 [=]

〈留意〉 日数が次のような場合は，年単位で計算するとよい。

73日＝0.2年　　146日＝0.4年

219日＝0.6年　　292日＝0.8年

◆練習問題◆

(9)　¥610,000を年利率3.4%で146日間貸すと，利息はいくらか。

答

(10)　¥210,000を年利率5.2%で67日間貸すと，利息はいくらか。（円未満切り捨て）

答

(11)　元金¥940,000を年利率4.6%で9月11日から11月5日まで借りると，利息はいくらか。（片落とし，円未満切り捨て）

答

(12)　元金¥470,000を年利率2.8%で5月29日から9月7日まで借りると，利息はいくらか。（片落とし，円未満切り捨て）

答

例題3　元利合計を求める計算

元金¥550,000を年利率3.1%で1年4か月間借りると，元利合計はいくらか。（円未満切り捨て）

〈解説〉

利　　息＝元金×利率×期間

元利合計＝元金＋利息

または，

元利合計＝元金×(1＋利率×期間)

¥550,000 × 0.031 × $\frac{16}{12}$ = ¥22,733（利息）

¥550,000 + ¥22,733 = ¥572,733

または，

¥550,000 × (1 + 0.031 × $\frac{16}{12}$) = ¥572,733　　　**答**　¥572,733

練習問題の解答

(9) ¥8,296　(10) ¥2,004　(11) ¥6,515　(12) ¥3,641

〈キー操作〉 ラウンドセレクターをCUT，小数点セレクターを0にセット

550,000 [×][・] 031 [×] 16 [÷] 12 [+] 550,000 [=]

または，

550,000 [M+][×][・] 031 [×] 16 [÷] 12 [M+][MR]

◆練習問題◆

(13) ￥240,000を年利率3.6％で11か月間貸すと，期日に受け取る元利合計はいくらか。

答 ＿＿＿＿＿＿＿＿

(14) ￥370,000を年利率5.4％で96日間借りると，期日に支払う元利合計はいくらか。(円未満切り捨て)

答 ＿＿＿＿＿＿＿＿

(15) ￥800,000を年利率4.9％で1月26日から4月20日まで貸すと，期日に受け取る元利合計はいくらか。(うるう年，片落とし，円未満切り捨て)

答 ＿＿＿＿＿＿＿＿

練習問題の解答

(13) ￥247,920　(14) ￥375,255　(15) ￥809,128

普通計算では，そろばんの受験者は問題中の太枠内のみ解答し，電卓の受験者はすべて解答する。

公益財団法人　全国商業高等学校協会主催
文　部　科　学　省　後　援

第１回　ビジネス計算実務検定模擬試験

第３級　普通計算部門　（制限時間　A・B・C合わせて30分）

(A) 乗算問題

（注意）円未満4捨5入，構成比率はパーセントの小数第2位未満4捨5入

1	¥ 738 × 326 =
2	¥ 303 × 1,690 =
3	¥ 5,210 × 0.075 =
4	¥ 94,586 × 88.4 =
5	¥ 29 × 60,712 =

答えの小計・合計	合計Aに対する構成比率	
小計(1)〜(3)	(1)	(1)〜(3)
	(2)	
	(3)	
小計(4)〜(5)	(4)	(4)〜(5)
	(5)	
合計A(1)〜(5)		

（注意）セント未満4捨5入，構成比率はパーセントの小数第2位未満4捨5入

6	$ 63.97 × 209 =
7	$ 2.74 × 980.67 =
8	$ 146.55 × 4.8 =
9	$ 0.42 × 0.3151 =
10	$ 87.01 × 5,493 =

答えの小計・合計	合計Bに対する構成比率	
小計(6)〜(8)	(6)	(6)〜(8)
	(7)	
	(8)	
小計(9)〜(10)	(9)	(9)〜(10)
	(10)	
合計B(6)〜(10)		

(B) 除 算 問 題

（注意）円未満4捨5入，構成比率はパーセントの小数第2位未満4捨5入

1	¥ 47,272 ÷ 622 =
2	¥ 97 ÷ 0.053 =
3	¥ 456,135 ÷ 9,705 =
4	¥ 72,462 ÷ 78 =
5	¥ 132,057 ÷ 41.9 =

答えの小計・合計	合計Cに対する構成比率	
小計(1)〜(3)	(1)	(1)〜(3)
	(2)	
	(3)	
小計(4)〜(5)	(4)	(4)〜(5)
	(5)	
合計C(1)〜(5)		

（注意）セント未満4捨5入，構成比率はパーセントの小数第2位未満4捨5入

6	€ 2,116.41 ÷ 237 =
7	€ 3.50 ÷ 0.8581 =
8	€ 195.05 ÷ 9.4 =
9	€ 694.64 ÷ 104.6 =
10	€ 183.60 ÷ 360 =

答えの小計・合計	合計Dに対する構成比率	
小計(6)〜(8)	(6)	(6)〜(8)
	(7)	
	(8)	
小計(9)〜(10)	(9)	(9)〜(10)
	(10)	
合計D(6)〜(10)		

年	組	番
名前		

	そろばん
	電　卓

(A) 乗算得点	(B) 除算得点

第３級　普通計算部門　（制限時間　A・B・C合わせて30分）

(C) 見　取　算　問　題

（注意）構成比率はパーセントの小数第2位未満4捨5入

No.	1	2	3	4	5
1	¥ 5,901	¥ 394	¥ 6,043,512	¥ 974,627	¥ 10,236
2	329	863	768,030	5,018	973
3	2,088	738	−91,526	37,249	5,082
4	710	602	8,398	1,353	806,855
5	404	728	165	86,980	−962
6	835	140	22,879	4,591	−524
7	6,246	567	−409,647	9,078	616
8	497	251	−3,193	76,305	2,758
9	985	423	2,745,708	3,281	490
10	7,650	989	541	68,756	−34,032
11	369	645		702,542	−895
12	172	820		1,160	92,671
13	8,921	903		2,934	307
14	537	219			4,183
15	643	784			−137,917
16		577			−4,564
17		315			148
18		592			709
19		461			
20		106			
計					

答えの小計合計		
	小計(1)〜(3)	小計(4)〜(5)
	合計E(1)〜(5)	

合計Eに対する構成比率					
	(1)	(2)	(3)	(4)	(5)
	(1)〜(3)			(4)〜(5)	

(注意) 構成比率はパーセントの小数第2位未満4捨5入

No.	6	7	8	9	10
1	£ 3,806.59	£ 89.05	£ 408.13	£ 79,104.50	£ 29.58
2	470.83	93.44	6,210.96	956.39	194.69
3	1,235.16	24.97	1,827.54	−532.62	42.87
4	76.24	91.68	595.19	207.41	578.03
5	529.92	−15.70	743.65	8,716.72	93.10
6	930.21	−79.53	860.07	6,805.84	7.47
7	14.60	47.29	3,179.23	−4,357.61	664.90
8	2,048.78	58.01	256.42	−30,981.27	86.38
9	67.45	−36.20	4,789.71	−514.93	734.09
10	815.37	54.67	124.80	733.86	21.32
11		60.31	732.98	19,652.40	30.51
12		−43.76	504.63	4,829.08	1.75
13		−12.18	9,358.30		845.26
14		28.56			706.15
15		30.82			
計					

答えの小計合計	小計(6)〜(8)	小計(9)〜(10)
	合計F(6)〜(10)	

合計Fに対する構成比率	(6)	(7)	(8)	(9)	(10)
	(6)〜(8)			(9)〜(10)	

年	組	番
名前		

	そろばん
	電　卓

(C) 見取算得点

総　得　点

第３級　ビジネス計算部門（制限時間30分）

（注意）答えに端数が生じた場合は（　）内の条件によって処理すること。

(1) ¥380,000を年利率1.4%で69日間借り入れると，期日に支払う利息はいくらか。
（円未満切り捨て）

答 ＿＿＿＿＿＿＿＿

(2) 予定売価の9掛で販売したところ，実売価が¥558,000になった。
予定売価はいくらか。

答 ＿＿＿＿＿＿＿＿

(3) 47英ガロンは何リットルか。ただし，1英ガロン=4.546Lとする。
（リットル未満4捨5入）

答 ＿＿＿＿＿＿＿＿

(4) ある金額の7割3分が¥700,800であった。ある金額はいくらか。

答 ＿＿＿＿＿＿＿＿

(5) 254mは何フィートか。ただし，1ft=0.3048mとする。
（フィート未満4捨5入）

答 ＿＿＿＿＿＿＿＿

(6) 1袋につき¥970の商品を仕入れ，代価¥446,200を支払った。仕入数量は何袋か。

答 ＿＿＿＿＿＿＿＿

(7) €65.68は円でいくらか。ただし，€1=¥157とする。
（円未満4捨5入）

答 ＿＿＿＿＿＿＿＿

(8) ¥870,000を年利率0.6%で92日間借りると，期日に支払う元利合計はいくらか。
（円未満切り捨て）

答 ＿＿＿＿＿＿＿＿

(9) ¥733,200は¥780,000の何割何分か。

答 ＿＿＿＿＿＿＿＿

(10) 10kgにつき¥2,900の商品を950kg仕入れ，仕入原価の23%の利益をみて全部販売した。利益の総額はいくらか。

答 ＿＿＿＿＿＿＿＿

(11) ¥740,000を年利率2.1%で5か月間貸し付けると，期日に受け取る元利合計はいくらか。

答＿＿＿＿＿＿＿＿

(12) ¥590,000の37%はいくらか。

答＿＿＿＿＿＿＿＿

(13) 1個につき¥3,570の商品を160個仕入れ，仕入諸掛¥28,500を支払った。諸掛込原価はいくらか。

答＿＿＿＿＿＿＿＿

(14) 176kgは何ポンドか。ただし，1lb=0.4536kgとする。
(ポンド未満4捨5入)

答＿＿＿＿＿＿＿＿

(15) $82.40は円でいくらか。ただし，$1=¥147とする。(円未満4捨5入)

答＿＿＿＿＿＿＿＿

(16) ある駅の先月の乗降客数は430,000人で，今月の乗降客数は先月より26%減少した。今月の乗降客数は何人であったか。

答＿＿＿＿＿＿＿＿

(17) 原価の16%の利益を見込んで¥858,400の予定売価をつけた。この商品の原価はいくらか。

答＿＿＿＿＿＿＿＿

(18) 元金¥630,000を年利率4.2%で7月3日から9月15日まで貸し付けると，期日に受け取る利息はいくらか。(片落とし，円未満切り捨て)

答＿＿＿＿＿＿＿＿

(19) ¥9,052は何ポンド何ペンスか。ただし，£1=¥182とする。
(ペンス未満4捨5入)

答＿＿＿＿＿＿＿＿

(20) 原価¥180,000の商品に¥61,200の利益をみて販売した。利益額は原価の何パーセントか。

答＿＿＿＿＿＿＿＿

年　組　番
名前

正答数	得点
	(×5)

3級問題②

公益財団法人　全国商業高等学校協会主催
文　部　科　学　省　後　援

第2回　ビジネス計算実務検定模擬試験

第３級　普通計算部門　（制限時間　A・B・C合わせて30分）

(A) 乗算問題

（注意）円未満4捨5入，構成比率はパーセントの小数第2位未満4捨5入

1	¥ 3,802 × 68 =
2	¥ 41,656 × 0.314 =
3	¥ 639 × 107 =
4	¥ 81 × 70,985 =
5	¥ 740 × 22.93 =

答えの小計・合計	合計Aに対する構成比率	
小計(1)〜(3)	(1)	(1)〜(3)
	(2)	
	(3)	
小計(4)〜(5)	(4)	(4)〜(5)
	(5)	
合計A(1)〜(5)		

（注意）セント未満4捨5入，構成比率はパーセントの小数第2位未満4捨5入

6	€ 50.67 × 9,051 =
7	€ 283.25 × 4.2 =
8	€ 0.13 × 717.9 =
9	€ 9.94 × 84,620 =
10	€ 45.78 × 0.0536 =

答えの小計・合計	合計Bに対する構成比率	
小計(6)〜(8)	(6)	(6)〜(8)
	(7)	
	(8)	
小計(9)〜(10)	(9)	(9)〜(10)
	(10)	
合計B(6)〜(10)		

(B) 除 算 問 題

（注意）円未満4捨5入，構成比率はパーセントの小数第2位未満4捨5入

1	¥ 14,250 ÷ 95 =
2	¥ 99,296 ÷ 3,424 =
3	¥ 290 ÷ 0.086 =
4	¥ 69,466 ÷ 739 =
5	¥ 161,722 ÷ 20.1 =

答えの小計・合計	合計Cに対する構成比率	
小計(1)〜(3)	(1)	(1)〜(3)
	(2)	
	(3)	
小計(4)〜(5)	(4)	(4)〜(5)
	(5)	
合計C(1)〜(5)		

（注意）ペンス未満4捨5入，構成比率はパーセントの小数第2位未満4捨5入

6	£ 893.52 ÷ 116.8 =
7	£ 4,200.90 ÷ 670 =
8	£ 27.46 ÷ 0.57 =
9	£ 4.56 ÷ 8.92 =
10	£ 36,598.59 ÷ 4,053 =

答えの小計・合計	合計Dに対する構成比率	
小計(6)〜(8)	(6)	(6)〜(8)
	(7)	
	(8)	
小計(9)〜(10)	(9)	(9)〜(10)
	(10)	
合計D(6)〜(10)		

年	組	番
名前		

	そろばん
	電　卓

(A) 乗算得点	(B) 除算得点

第3級　普通計算部門
(制限時間　A・B・C合わせて30分)

(C) 見取算問題

(注意) 構成比率はパーセントの小数第2位未満4捨5入

No.	1	2	3	4	5
1	¥ 380	¥ 127	¥ 9,061	¥ 819	¥ 5,603
2	475	9,804	8,725	760	14,279
3	867	2,891,750	42,693	572	813
4	136	-526,418	204,916	-105	732
5	5,228	40,595	7,139	-233	506,457
6	743	831	30,988	615	9,391
7	2,509	-7,169	5,270	847	634
8	694	-53,742	78,592	124	30,168
9	9,010	3,009,386	1,217	946	720
10	851	624,673	23,845	-687	254,865
11	914		510,376	-890	6,759
12	7,062		6,408	-349	807
13	937		3,654	297	584
14	348			164	921
15	1,596			953	44,382
16				-630	871
17				-358	1,026
18				202	940
19				485	
20				701	
計					

答えの小計・合計		
	小計(1)～(3)	小計(4)～(5)
	合計E(1)～(5)	

合計Eに対する構成比率					
	(1)	(2)	(3)	(4)	(5)
	(1)～(3)			(4)～(5)	

（注意）構成比率はパーセントの小数第2位未満4捨5入

No.	6	7	8	9	10
1	$ 67.02	$ 4,091.25	$ 890.76	$ 2,180.58	$ 75.14
2	18.96	3,645.01	4,023.10	5.73	19.03
3	92.17	1,553.49	598.47	874.26	3,994.56
4	24.74	9,710.63	−116.04	93.07	82,052.89
5	801.23	5,924.18	−2,754.91	5,206.90	−260.95
6	49.05	6,139.86	7,803.53	451.64	−57.21
7	63.81	9,082.30	637.29	2.71	18.40
8	35.48	2,738.57	−962.46	1,539.50	9,701.67
9	50.39	7,876.94	−5,281.38	66.32	83.42
10	776.51	8,420.72	1,795.82	9.85	−631.59
11	82.60		430.65	724.97	−4,176.80
12	59.37			4,038.41	−30,487.35
13				3,543.12	64.62
14				8.68	23.78
15				617.09	
計					

答えの小計合計	小計(6)〜(8)	小計(9)〜(10)
	合計F(6)〜(10)	

合計Fに対する構成比率	(6)	(7)	(8)	(9)	(10)
	(6)〜(8)			(9)〜(10)	

年	組	番
名前		

	そろばん
	電　卓

（C）見取算得点

総　得　点

第３級　ビジネス計算部門（制限時間30分）

（注意）答えに端数が生じた場合は(　)内の条件によって処理すること。

(1) ¥630,000の74%はいくらか。

答 ____________________

(2) ¥5,144は何ユーロ何セントか。ただし，€1=¥146とする。
（セント未満4捨5入）

答 ____________________

(3) 予定売価¥328,000の商品を，予定売価の16%引きで販売した。実売価はいくらであったか。

答 ____________________

(4) ¥940,000を年利率2.3%で106日間借りると，期日に支払う利息はいくらか。
（円未満切り捨て）

答 ____________________

(5) $72.60は円でいくらか。ただし，$1=¥139とする。（円未満4捨5入）

答 ____________________

(6) 254Lは何英ガロンか。ただし，1英ガロン=4.546Lとする。
（英ガロン未満4捨5入）

答 ____________________

(7) 原価¥180,000の商品に¥57,600の利益をみて販売した。利益額は原価の何パーセントか。

答 ____________________

(8) 元金¥860,000を年利率0.4%で68日間貸すと，期日に受け取る元利合計はいくらか。（円未満切り捨て）

答 ____________________

(9) ¥533,600は¥580,000の何割何分か。

答 ____________________

(10) 1本につき¥430の商品を960本仕入れ，仕入諸掛¥20,600を支払った。
諸掛込原価はいくらか。

答 ____________________

【裏面につづく】

(11) £42.19は円でいくらか。ただし，£1=¥168とする。(円未満4捨5入)

答 ＿＿＿＿＿＿＿＿

(12) 1mにつき¥620の商品を仕入れ，代価¥347,200を支払った。仕入数量は何メートルであったか。

答 ＿＿＿＿＿＿＿＿

(13) ¥710,000を年利率2.6％で9か月間貸すと，期日に受け取る利息はいくらか。

答 ＿＿＿＿＿＿＿＿

(14) 193lbは何キログラムか。ただし，1lb=0.4536kgとする。
(キログラム未満4捨5入)

答 ＿＿＿＿＿＿＿＿

(15) あるテーマパークの先月の入場者数は61,000人で，今月の入場者数は先月より56%増加した。今月の入場者数は何人であったか。

答 ＿＿＿＿＿＿＿＿

(16) 予定売価の8掛で販売したところ，実売価が¥224,000になった。予定売価はいくらであったか。

答 ＿＿＿＿＿＿＿＿

(17) 591mは何ヤードか。ただし，1yd=0.9144mとする。(ヤード未満4捨5入)

答 ＿＿＿＿＿＿＿＿

(18) 元金¥980,000を年利率5.1％で10月30日から12月17日まで借り入れると，期日に支払う元利合計はいくらか。(片落とし，円未満切り捨て)

答 ＿＿＿＿＿＿＿＿

(19) ある金額の3割5分引きが¥487,500であった。ある金額はいくらか。

答 ＿＿＿＿＿＿＿＿

(20) 10個につき¥8,200の商品を940個仕入れ，仕入原価の13%の利益をみて全部販売した。実売価の総額はいくらであったか。

答 ＿＿＿＿＿＿＿＿

年	組	番
名前		

正答数	得　点
	(×5)

公益財団法人　全国商業高等学校協会主催

文　部　科　学　省　後　援

第3回　ビジネス計算実務検定模擬試験

第３級　普通計算部門　（制限時間　A・B・C合わせて30分）

(A) 乗算問題

（注意）円未満4捨5入，構成比率はパーセントの小数第2位未満4捨5入

1	¥ 1,037 × 72 =
2	¥ 24 × 698.9 =
3	¥ 4,573 × 120 =
4	¥ 88,416 × 0.318 =
5	¥ 92 × 53,047 =

答えの小計・合計	合計Aに対する構成比率	
小計(1)〜(3)	(1)	(1)〜(3)
	(2)	
	(3)	
小計(4)〜(5)	(4)	(4)〜(5)
	(5)	
合計A(1)〜(5)		

（注意）ペンス未満4捨5入，構成比率はパーセントの小数第2位未満4捨5入

6	£ 7.50 × 60.5 =
7	£ 3.81 × 8,764 =
8	£ 62.65 × 2.956 =
9	£ 1.48 × 0.040233 =
10	£ 597.09 × 91 =

答えの小計・合計	合計Bに対する構成比率	
小計(6)〜(8)	(6)	(6)〜(8)
	(7)	
	(8)	
小計(9)〜(10)	(9)	(9)〜(10)
	(10)	
合計B(6)〜(10)		

(B) 除　算　問　題

（注意）円未満4捨5入，構成比率はパーセントの小数第2位未満4捨5入

1	¥ 29,450 ÷ 31 =
2	¥ 314,772 ÷ 4,629 =
3	¥ 53 ÷ 0.067 =
4	¥ 25,621 ÷ 805.5 =
5	¥ 3,012,530 ÷ 710 =

答えの小計・合計	合計Cに対する構成比率	
小計(1)〜(3)	(1)	(1)〜(3)
	(2)	
	(3)	
小計(4)〜(5)	(4)	(4)〜(5)
	(5)	
合計C(1)〜(5)		

（注意）セント未満4捨5入，構成比率はパーセントの小数第2位未満4捨5入

6	$ 1,072.72 ÷ 583 =
7	$ 4.85 ÷ 19.4 =
8	$ 11.33 ÷ 0.202 =
9	$ 82.01 ÷ 9.348 =
10	$ 2,292.16 ÷ 76 =

答えの小計・合計	合計Dに対する構成比率	
小計(6)〜(8)	(6)	(6)〜(8)
	(7)	
	(8)	
小計(9)〜(10)	(9)	(9)〜(10)
	(10)	
合計D(6)〜(10)		

年	組	番
名前		

	そろばん
	電　卓

(A) 乗算得点	(B) 除算得点

第３級　普通計算部門

（制限時間　A・B・C合わせて30分）

(C) 見取算問題

（注意）構成比率はパーセントの小数第2位未満4捨5入

No.	1	2	3	4	5
1	¥ 4,308	¥ 70,286	¥ 9,842	¥ 1,940	¥ 293
2	3,167	190	786,015	214	55,128
3	8,510	3,540,803	1,396	905	756
4	6,472	8,957	−4,450	3,537	869,201
5	1,954	237,129	−63,173	8,726	−327
6	2,146	365	2,561	509	−7,916
7	4,035	6,411	7,924	2,071	502
8	2,620	5,168,274	30,659	852	464
9	7,369	91,048	−209,438	460	−9,039
10	1,897	476,932	−5,281	5,684	178
11	9,253		8,707	398	745
12	3,788			6,704	−105,382
13	8,079			3,017	−619
14	7,506			289	830
15	5,291			7,658	48,047
16				125	634
17				9,931	
18				743	
19				8,162	
20				349	
計					

答えの小計 合計		
	小計(1)～(3)	小計(4)～(5)
	合計E(1)～(5)	

合計Eに対する構成比率					
	(1)	(2)	(3)	(4)	(5)
	(1)～(3)			(4)～(5)	

（注意）構成比率はパーセントの小数第2位未満4捨5入

No.	6	7	8	9	10
1	€ 6.51	€ 580.34	€ 285.37	€ 89,075.69	€ 3,942.95
2	9.30	46.91	401.65	2,983.84	7,151.72
3	210.49	−78.25	12,938.02	−459.22	6,507.58
4	67.23	929.06	773.24	−64.05	8,418.04
5	1,505.64	317.43	827.98	51.93	1,286.10
6	4.79	−64.52	5,042.13	6,320.81	5,703.27
7	8.12	−205.18	23,619.41	−58,706.28	3,097.31
8	360.07	81.09	584.70	97.16	2,664.89
9	95.82	733.87	91,031.59	672.50	4,379.63
10	1.68	−42.76	396.86	14.35	9,025.46
11	3,483.14	195.60	6,754.90	−30.47	
12	9.08		45,630.78	−7,491.36	
13	735.74			48.01	
14	52.96			21.73	
15	7.85				
計					

答えの小計合計	小計(6)〜(8)	小計(9)〜(10)
	合計F(6)〜(10)	

合計Fに対する構成比率	(6)	(7)	(8)	(9)	(10)
	(6)〜(8)			(9)〜(10)	

年	組	番
名前		

	そろばん
	電　卓

（C）見取算得点

総　得　点

第３級　ビジネス計算部門（制限時間30分）

（注意）答えに端数が生じた場合は（　）内の条件によって処理すること。

(1) ¥920,000の68%はいくらか。

答 ＿＿＿＿＿＿＿＿

(2) 618mは何フィートか。ただし，1ft=0.3048mとする。（フィート未満4捨5入）

答 ＿＿＿＿＿＿＿＿

(3) $28.79は円でいくらか。ただし，$1＝¥105とする。（円未満4捨5入）

答 ＿＿＿＿＿＿＿＿

(4) 1枚につき¥5,360の商品を140枚仕入れ，仕入諸掛¥38,600を支払った。諸掛込原価はいくらか。

答 ＿＿＿＿＿＿＿＿

(5) 元金¥320,000を年利率2.9%で58日間貸すと，期日に受け取る利息はいくらか。（円未満切り捨て）

答 ＿＿＿＿＿＿＿＿

(6) ¥7,167は何ユーロ何セントか。ただし，€1＝¥124とする。（セント未満4捨5入）

答 ＿＿＿＿＿＿＿＿

(7) 1足につき¥950の商品を仕入れ，代価¥446,500を支払った。仕入数量は何足であったか。

答 ＿＿＿＿＿＿＿＿

(8) ¥173,900は¥94,000の何割何分増しか。

答 ＿＿＿＿＿＿＿＿

(9) 予定売価の1割3分引きで販売したところ，実売価が¥835,200になった。予定売価はいくらであったか。

答 ＿＿＿＿＿＿＿＿

(10) ¥630,000を年利率4.7%で89日間借りると，期日に支払う元利合計はいくらか。（円未満切り捨て）

答 ＿＿＿＿＿＿＿＿

(11) 51米トンは何キログラムか。ただし，1米トン＝907.2kgとする。
（キログラム未満4捨5入）

答 ＿＿＿＿＿＿＿＿

(12) ¥780,000の24%引きはいくらか。

答 ＿＿＿＿＿＿＿＿

(13) 予定売価¥840,000の商品を¥67,200値引きして販売した。値引額は予定売価の何パーセントか。

答 ＿＿＿＿＿＿＿＿

(14) ¥450,000を年利率2.1%で4か月間貸し付けると，期日に受け取る利息はいくらか。

答 ＿＿＿＿＿＿＿＿

(15) ¥9,741は何ポンド何ペンスか。ただし，£1=¥138とする。
（ペンス未満4捨5入）

答 ＿＿＿＿＿＿＿＿

(16) ある図書館の今年の貸出数は102,600冊で，この数は昨年の貸出数の9割であった。昨年の貸出数は何冊であったか。

答 ＿＿＿＿＿＿＿＿

(17) 原価¥310,000の商品に，原価の2割7分の利益をみて販売した。利益額はいくらか。

答 ＿＿＿＿＿＿＿＿

(18) 235Lは何英ガロンか。ただし，1英ガロン＝4.546Lとする。
（英ガロン未満4捨5入）

答 ＿＿＿＿＿＿＿＿

(19) ¥930,000を年利率2%で5月6日から7月4日まで借り入れると，期日に支払う元利合計はいくらか。（片落とし，円未満切り捨て）

答 ＿＿＿＿＿＿＿＿

(20) 10束につき¥6,400の商品を250束仕入れ，仕入原価の42%の利益をみて全部販売した。実売価の総額はいくらか。

答 ＿＿＿＿＿＿＿＿

年	組	番
名前		

正答数	得点
(×5)	

3級問題②

公益財団法人　全国商業高等学校協会主催

文　部　科　学　省　後　援

第4回　ビジネス計算実務検定模擬試験

第３級　普通計算部門　（制限時間　A・B・C合わせて30分）

(A) 乗算問題

（注意）円未満4捨5入，構成比率はパーセントの小数第2位未満4捨5入

1	¥ 5,196 × 43 =
2	¥ 32 × 257.7 =
3	¥ 147 × 7,359 =
4	¥ 94,950 × 0.0826 =
5	¥ 864 × 1,085 =

答えの小計・合計	合計Aに対する構成比率	
小計(1)～(3)	(1)	(1)～(3)
	(2)	
	(3)	
小計(4)～(5)	(4)	(4)～(5)
	(5)	
合計A(1)～(5)		

（注意）セント未満4捨5入，構成比率はパーセントの小数第2位未満4捨5入

6	$ 6.81 × 7.98 =
7	$ 4.13 × 9,060 =
8	$ 22.75 × 30.4 =
9	$ 7.09 × 54,612 =
10	$ 380.28 × 0.631 =

答えの小計・合計	合計Bに対する構成比率	
小計(6)～(8)	(6)	(6)～(8)
	(7)	
	(8)	
小計(9)～(10)	(9)	(9)～(10)
	(10)	
合計B(6)～(10)		

(B) 除 算 問 題

(注意) 円未満4捨5入，構成比率はパーセントの小数第2位未満4捨5入

1	¥ 43,240 ÷ 920 =
2	¥ 324 ÷ 0.064 =
3	¥ 2,151,612 ÷ 3,039 =
4	¥ 9,282 ÷ 78 =
5	¥ 6,294 ÷ 258.1 =

答えの小計・合計	合計Cに対する構成比率	
小計(1)〜(3)	(1)	(1)〜(3)
	(2)	
	(3)	
小計(4)〜(5)	(4)	(4)〜(5)
	(5)	
合計C(1)〜(5)		

(注意) セント未満4捨5入，構成比率はパーセントの小数第2位未満4捨5入

6	€ 3,003.70 ÷ 613 =
7	€ 141.44 ÷ 442 =
8	€ 572.58 ÷ 87.95 =
9	€ 88.66 ÷ 1.07 =
10	€ 52.50 ÷ 0.56 =

答えの小計・合計	合計Dに対する構成比率	
小計(6)〜(8)	(6)	(6)〜(8)
	(7)	
	(8)	
小計(9)〜(10)	(9)	(9)〜(10)
	(10)	
合計D(6)〜(10)		

年	組	番
名前		

	そろばん
	電　卓

(A) 乗算得点	(B) 除算得点

第３級　普通計算部門 （制限時間　A・B・C合わせて30分）

(C) 見 取 算 問 題

（注意）構成比率はパーセントの小数第2位未満4捨5入

No.	1	2	3	4	5
1	¥ 4,180	¥ 1,578	¥ 39,145	¥ 613	¥ 8,792
2	2,956	970,341	886	93,581	463
3	7,027	4,283	1,280,594	296	−109
4	6,893	−5,604	7,402	369,050	−5,320
5	1,447	−68,110	423,618	715	6,491
6	9,201	3,237	973	2,874	384
7	5,365	94,825	6,260	451	8,017
8	8,512	7,962	5,098,729	826	234
9	3,798	−406,759	24,357	5,207	866
10	2,624	−8,095	651,031	340	−7,542
11	1,730	2,136		639	−189
12	5,049			412,708	−3,076
13	6,971			167	4,721
14	8,354			572	682
15	7,638			89,943	5,258
16				485	903
17					−6,570
18					−405
19					1,397
20					519
計					

答えの小計合計		
	小計(1)〜(3)	小計(4)〜(5)
	合計E(1)〜(5)	

合計Eに対する構成比率					
	(1)	(2)	(3)	(4)	(5)
	(1)〜(3)			(4)〜(5)	

（注意）構成比率はパーセントの小数第2位未満4捨5入

No.	6	7	8	9	10
1	£ 508.69	£ 785.71	£ 6.27	£ 21.34	£ 9,807.36
2	29.77	923.47	5.10	453.61	3,048.15
3	−10.39	68,314.19	432.06	38.29	8,553.72
4	634.18	590.42	17.65	78,100.35	6,916.20
5	257.04	867.58	3,184.98	−54.76	4,387.97
6	−75.43	1,072.95	7.41	−2,015.28	6,124.08
7	−948.21	30,651.32	5.07	−146.40	7,609.63
8	61.96	409.70	228.54	73.02	5,290.51
9	83.80	98,120.84	73.92	567.16	2,865.49
10	−472.05	246.25	1.38	692.68	1,742.14
11	316.52	6,339.64	8,026.79	4,370.91	
12		45,618.03	7.86	−39,087.59	
13			591.94	−24.83	
14			40.53	89.57	
15			9.30		
計					

答えの小計合計	小計(6)〜(8)	小計(9)〜(10)
	合計F(6)〜(10)	

合計Fに対する構成比率	(6)	(7)	(8)	(9)	(10)
	(6)〜(8)			(9)〜(10)	

年	組	番
名前		

	そろばん
	電　卓

（C）見取算得点

総　得　点

第3級　ビジネス計算部門（制限時間30分）

（注意）答えに端数が生じた場合は（　）内の条件によって処理すること。

(1) ¥890,000の63%はいくらか。

答 ＿＿＿＿＿＿＿＿

(2) ¥3,915は何ユーロ何セントか。ただし，€1＝¥121とする。
（セント未満4捨5入）

答 ＿＿＿＿＿＿＿＿

(3) 94英トンは何キログラムか。ただし，1英トン＝1,016kgとする。

答 ＿＿＿＿＿＿＿＿

(4) ¥350,000を年利率1.7%で81日間借り入れると，期日に支払う元利合計はいくらか。（円未満切り捨て）

答 ＿＿＿＿＿＿＿＿

(5) 1袋につき¥1,430の商品を290袋仕入れ，仕入諸掛¥37,400を支払った。諸掛込原価はいくらか。

答 ＿＿＿＿＿＿＿＿

(6) £59.83は円でいくらか。ただし，£1＝¥136とする。（円未満4捨5入）

答 ＿＿＿＿＿＿＿＿

(7) 原価の23%の利益をみて¥824,100で販売した。この商品の原価はいくらであったか。

答 ＿＿＿＿＿＿＿＿

(8) ¥920,000を年利率7.3%で64日間借りると，期日に支払う利息はいくらか。

答 ＿＿＿＿＿＿＿＿

(9) 1箱につき¥680の商品を仕入れ，代価¥62,560を支払った。仕入数量は何箱か。

答 ＿＿＿＿＿＿＿＿

(10) ¥312,000は¥650,000の何割何分か。

答 ＿＿＿＿＿＿＿＿

【裏面につづく】

（11）184mは何ヤードか。ただし，1yd＝0.9144mとする。（ヤード未満4捨5入）

答＿＿＿＿＿＿＿＿

（12）¥710,000を年利率2.6％で5か月間貸し付けると，期日に受け取る利息はいくらか。（円未満切り捨て）

答＿＿＿＿＿＿＿＿

（13）¥2,488は何ポンド何ペンスか。ただし，£1＝¥139とする。（ペンス未満4捨5入）

答＿＿＿＿＿＿＿＿

（14）予定売価¥540,000の商品を¥37,800値引きして販売した。値引額は予定売価の何パーセントか。

答＿＿＿＿＿＿＿＿

（15）ある球技場の今週の入場者数は40,120人で，前週より32％減少した。前週の入場者数は何人であったか。

答＿＿＿＿＿＿＿＿

（16）予定売価¥690,000の商品を，予定売価の1割3分引きで販売した。実売価はいくらであったか。

答＿＿＿＿＿＿＿＿

（17）$73.93は円でいくらか。ただし，$1＝¥109とする。（円未満4捨5入）

答＿＿＿＿＿＿＿＿

（18）416kgは何ポンドか。ただし，1lb＝0.4536kgとする。（ポンド未満4捨5入）

答＿＿＿＿＿＿＿＿

（19）¥280,000を年利率5％で4月13日から6月4日まで貸すと，期日に受け取る元利合計はいくらか。（片落とし，円未満切り捨て）

答＿＿＿＿＿＿＿＿

（20）10個につき¥7,400の商品を850個仕入れ，仕入原価の34％の利益をみて全部販売した。実売価の総額はいくらか。

答＿＿＿＿＿＿＿＿

年	組	番
名前		

正答数	得　点
（×5）	

公益財団法人　全国商業高等学校協会主催

文　部　科　学　省　後　援

第５回　ビジネス計算実務検定模擬試験

第３級　普通計算部門　（制限時間　A・B・C合わせて30分）

(A) 乗算問題

（注意）円未満4捨5入，構成比率はパーセントの小数第2位未満4捨5入

1	¥ 419 × 761 =
2	¥ 38 × 2,559 =
3	¥ 60,702 × 0.037 =
4	¥ 1,365 × 428 =
5	¥ 843 × 50.916 =

答えの小計・合計	合計Aに対する構成比率	
小計(1)〜(3)	(1)	(1)〜(3)
	(2)	
	(3)	
小計(4)〜(5)	(4)	(4)〜(5)
	(5)	
合計A(1)〜(5)		

（注意）セント未満4捨5入，構成比率はパーセントの小数第2位未満4捨5入

6	€ 2.71 × 9,640 =
7	€ 51.26 × 8.5 =
8	€ 0.97 × 623.93 =
9	€ 798.80 × 104 =
10	€ 30.54 × 0.4872 =

答えの小計・合計	合計Bに対する構成比率	
小計(6)〜(8)	(6)	(6)〜(8)
	(7)	
	(8)	
小計(9)〜(10)	(9)	(9)〜(10)
	(10)	
合計B(6)〜(10)		

(B) 除　算　問　題

(注意) 円未満4捨5入，構成比率はパーセントの小数第2位未満4捨5入

1	¥ 24,910 ÷ 530 =
2	¥ 35,520 ÷ 96 =
3	¥ 13,663 ÷ 267.7 =
4	¥ 2,112,012 ÷ 348 =
5	¥ 348 ÷ 0.19 =

答えの小計・合計	合計Cに対する構成比率	
小計(1)〜(3)	(1)	(1)〜(3)
	(2)	
	(3)	
小計(4)〜(5)	(4)	(4)〜(5)
	(5)	
合計C(1)〜(5)		

(注意) ペンス未満4捨5入，構成比率はパーセントの小数第2位未満4捨5入

6	£ 4,939.46 ÷ 982 =
7	£ 57.69 ÷ 6.3 =
8	£ 91.77 ÷ 40.25 =
9	£ 0.06 ÷ 0.07101 =
10	£ 64,007.30 ÷ 854 =

答えの小計・合計	合計Dに対する構成比率	
小計(6)〜(8)	(6)	(6)〜(8)
	(7)	
	(8)	
小計(9)〜(10)	(9)	(9)〜(10)
	(10)	
合計D(6)〜(10)		

年　組　番
名前

	そろばん
	電　卓

(A) 乗算得点	(B) 除算得点

第３級　普通計算部門
（制限時間　A・B・C合わせて30分）

(C) 見取算問題

（注意）構成比率はパーセントの小数第2位未満4捨5入

No.	1	2	3	4	5
1	¥ 549	¥ 724,621	¥ 9,236	¥ 207	¥ 6,801,634
2	8,217	50,264	3,780	961	541
3	73,683	−8,039	547	874	70,660
4	91,408	32,718	6,395	−435	8,759
5	4,330	17,970	713	−601	9,027
6	2,751	−95,305	828	790	504,296
7	806	−109,442	7,650	316	45,853
8	7,924	6,857	291	563	1,269,314
9	5,645	23,586	419	−229	782
10	69,098	48,193	5,973	−158	436,238
11	16,520		2,185	712	8,925
12	3,472		867	389	103
13			4,002	532	9,471
14			946	181	215
15			8,431	−475	832,097
16			752	−809	
17			1,604	−648	
18				723	
19				465	
20				940	
計					

答えの小計合計	小計(1)〜(3)	小計(4)〜(5)
	合計E(1)〜(5)	

合計Eに対する構成比率	(1)	(2)	(3)	(4)	(5)
	(1)〜(3)			(4)〜(5)	

(注意) 構成比率はパーセントの小数第2位未満4捨5入

No.	6	7	8	9	10
1	$ 456.20	$ 17.68	$ 3,718.05	$ 601.23	$ 89,461.02
2	270.59	4.81	252.98	10,872.04	34.58
3	399.14	5.94	8,961.73	5,063.47	42.95
4	646.75	973.13	−4,302.45	398.19	−85.49
5	803.60	4,062.39	−741.32	8,276.80	−2,019.64
6	934.01	28.65	164.27	21,384.91	35.28
7	185.37	67.70	7,940.34	659.78	7,263.90
8	719.72	82.03	583.69	735.61	−30,608.12
9	523.86	1.25	−9,075.10	64,140.29	7,047.83
10	782.48	9.52	−563.88	75,867.42	876.57
11		780.41	609.21	905.53	−624.31
12		6.07		432.85	−97.15
13		90.89			11.36
14		3.51			50.79
15		2,475.46			
計					

答えの小計合計	小計(6)〜(8)	小計(9)〜(10)
	合計F(6)〜(10)	

合計Fに対する構成比率	(6)	(7)	(8)	(9)	(10)
	(6)〜(8)			(9)〜(10)	

年	組	番
名前		

	そろばん
	電　卓

(C) 見取算得点

総　得　点

第３級　ビジネス計算部門（制限時間30分）

（注意）答えに端数が生じた場合は（　）内の条件によって処理すること。

(1) 191米ガロンは何リットルか。ただし，1米ガロン=3.785Lとする。
（リットル未満4捨5入）

答 ______________

(2) ¥670,000を年利率1.8%で71日間借りると，期日に支払う元利合計はいくらか。（円未満切り捨て）

答 ______________

(3) 1袋につき¥4,820の商品を160袋仕入れ，仕入諸掛¥41,400を支払った。諸掛込原価はいくらであったか。

答 ______________

(4) ¥920,000の8割7分引きはいくらか。

答 ______________

(5) ¥8,509は何ユーロ何セントか。ただし，€1=¥129とする。
（セント未満4捨5入）

答 ______________

(6) 原価¥340,000の商品に，原価の21%の利益をみて予定売価をつけた。予定売価はいくらか。

答 ______________

(7) ¥950,000を年利率2.8%で1年4か月間貸すと，期日に受け取る利息はいくらか。（円未満切り捨て）

答 ______________

(8) ある海水浴場の昨年の利用者数は24,000人で，今年は25,680人であった。今年の利用者数は昨年と比べて何パーセント増加したか。

答 ______________

(9) 52,700kgは何英トンか。ただし，1英トン=1,016kgとする。
（英トン未満4捨5入）

答 ______________

(10) 10束につき¥8,400の商品を仕入れ，代価¥310,800を支払った。仕入数量は何束であったか。

答 ______________

(11) $36.94は円でいくらか。ただし，$1=¥116とする。(円未満4捨5入)

答 ＿＿＿＿＿＿＿＿

(12) 739ftは何メートルか。ただし，1ft=0.3048mとする。
(メートル未満4捨5入)

答 ＿＿＿＿＿＿＿＿

(13) ¥830,400は¥865,000の何パーセントか。

答 ＿＿＿＿＿＿＿＿

(14) ¥470,000を年利率3%で10月11日から12月25日まで借り入れると，期日に支払う利息はいくらか。(片落とし，円未満切り捨て)

答 ＿＿＿＿＿＿＿＿

(15) 原価¥720,000の商品を販売して¥252,000の利益を得た。利益額は原価の何割何分にあたるか。

答 ＿＿＿＿＿＿＿＿

(16) ¥1,749は何ドル何セントか。ただし，$1=¥112とする。
(セント未満4捨5入)

答 ＿＿＿＿＿＿＿＿

(17) ¥510,000を年利率4.3%で8か月間貸し付けると，期日に受け取る元利合計はいくらか。

答 ＿＿＿＿＿＿＿＿

(18) 予定売価¥270,000の商品を，予定売価の9%引きで販売した。値引額はいくらであったか。

答 ＿＿＿＿＿＿＿＿

(19) £62.08は円でいくらか。ただし，£1=¥147とする。(円未満4捨5入)

答 ＿＿＿＿＿＿＿＿

(20) ある商品を予定売価の4割引きで販売し，代金¥537,000を受け取った。予定売価はいくらであったか。

答 ＿＿＿＿＿＿＿＿

年	組	番
名前		

正答数	得　点
	(×5)

公益財団法人　全国商業高等学校協会主催

文　部　科　学　省　後　援

第6回　ビジネス計算実務検定模擬試験

第３級　普通計算部門　（制限時間　A・B・C合わせて30分）

(A) 乗算問題

（注意）円未満4捨5入，構成比率はパーセントの小数第2位未満4捨5入

1	¥ 54 × 6,702 =
2	¥ 236 × 460 =
3	¥ 80,711 × 0.078 =
4	¥ 1,905 × 917 =
5	¥ 397 × 525.83 =

答えの小計・合計	合計Aに対する構成比率	
小計(1)〜(3)	(1)	(1)〜(3)
	(2)	
	(3)	
小計(4)〜(5)	(4)	(4)〜(5)
	(5)	
合計A(1)〜(5)		

（注意）ペンス未満4捨5入，構成比率はパーセントの小数第2位未満4捨5入

6	£ 5.62 × 4,759 =
7	£ 68.28 × 26 =
8	£ 0.73 × 10.334 =
9	£ 96.40 × 309.5 =
10	£ 421.89 × 0.841 =

答えの小計・合計	合計Bに対する構成比率	
小計(6)〜(8)	(6)	(6)〜(8)
	(7)	
	(8)	
小計(9)〜(10)	(9)	(9)〜(10)
	(10)	
合計B(6)〜(10)		

(B) 除 算 問 題

(注意) 円未満4捨5入, 構成比率はパーセントの小数第2位未満4捨5入

1	¥ 23,800 ÷ 680 =
2	¥ 76,627 ÷ 37 =
3	¥ 1,846 ÷ 21.28 =
4	¥ 6,958 ÷ 49 =
5	¥ 2,231 ÷ 0.506 =

答えの小計・合計	合計Cに対する構成比率	
小計(1)〜(3)	(1)	(1)〜(3)
	(2)	
	(3)	
小計(4)〜(5)	(4)	(4)〜(5)
	(5)	
合計C(1)〜(5)		

(注意) セント未満4捨5入, 構成比率はパーセントの小数第2位未満4捨5入

6	$ 7.26 ÷ 9.92 =
7	$ 4,451.95 ÷ 827.5 =
8	$ 904.80 ÷ 13 =
9	$ 6,630.76 ÷ 7,054 =
10	$ 0.67 ÷ 0.0361 =

答えの小計・合計	合計Dに対する構成比率	
小計(6)〜(8)	(6)	(6)〜(8)
	(7)	
	(8)	
小計(9)〜(10)	(9)	(9)〜(10)
	(10)	
合計D(6)〜(10)		

年	組	番
名前		

	そろばん
	電 卓

(A) 乗算得点	(B) 除算得点

第３級　普通計算部門
（制限時間　A・B・C合わせて30分）

(C) 見取算問題

（注意）構成比率はパーセントの小数第2位未満4捨5入

No.	1	2	3	4	5
1	¥ 3,025	¥ 814	¥ 56,192	¥ 75,908	¥ 189
2	7,861	203	104,974	5,160,293	84,305
3	80,934	540	8,718	956,412	20,450
4	5,116	−368	40,837	230	3,262
5	19,072	−139	75,309	−3,854	736
6	6,249	487	9,646	−142	9,019
7	91,506	752	322,485	−617,820	51,402
8	74,383	941	63,523	488	681
9	28,457	−370	215,860	1,971	955
10	5,698	−665	7,051	3,240,135	15,794
11	42,710	504		72,653	48,213
12		929		369	7,097
13		763		−80,507	6,378
14		690		−496	864
15		−582		679	2,347
16		−801		984	
17		−317			
18		473			
19		895			
20		126			
計					

答えの小計合計	小計(1)〜(3)	小計(4)〜(5)
	合計E(1)〜(5)	

合計Eに対する構成比率	(1)	(2)	(3)	(4)	(5)
	(1)〜(3)			(4)〜(5)	

（注意）構成比率はパーセントの小数第2位未満4捨5入

No.	6	7	8	9	10
1	€ 978.31	€ 4,723.06	€ 548.70	€ 21,560.57	€ 6,450.93
2	43.27	816.74	63.59	12,045.23	4.21
3	3,052.90	2.61	8.08	68,103.40	536.78
4	691.63	573.42	-40.72	71,328.65	-81.47
5	24.48	927.80	5.67	50,649.02	-4.10
6	65.01	89.03	9.34	37,851.91	7.04
7	4,708.20	13,624.51	-77.81	93,073.84	1,976.33
8	861.76	5,005.69	-219.45	87,480.18	683.49
9	2,593.54	38,531.95	-64.16	43,997.26	-5.15
10	10.75	4.14	1.29	69,254.79	29.82
11	737.19	608.35	82.50		3.96
12	5,849.62	791.87	3.92		-802.71
13		29.46	830.13		-90.58
14		370.28			2.60
15					1.25
計					

答えの小計合計	小計(6)～(8)	小計(9)～(10)
	合計F(6)～(10)	

合計Fに対する構成比率	(6)	(7)	(8)	(9)	(10)
	(6)～(8)			(9)～(10)	

年	組	番
名前		

	そろばん
	電卓

（C）見取算得点

総得点

〔第6回模擬〕

第３級　ビジネス計算部門（制限時間30分）

（注意）答えに端数が生じた場合は（　）内の条件によって処理すること。

(1) $94.34は円でいくらか。ただし，$1=¥112とする。（円未満4捨5入）

答

(2) ¥460,000を年利率3.1％で58日間借りると，期日に支払う利息はいくらか。（円未満切り捨て）

答

(3) 原価¥610,000の商品に，原価の37％の利益をみて予定売価をつけた。予定売価はいくらか。

答

(4) 824lbは何キログラムか。ただし，1lb=0.4536kgとする。（キログラム未満4捨5入）

答

(5) ¥530,000の47％増しはいくらか。

答

(6) 749ydは何メートルか。ただし，1yd=0.9144mとする。（メートル未満4捨5入）

答

(7) 予定売価¥132,000の商品を，予定売価の25％引きで販売した。実売価はいくらであったか。

答

(8) 633Ｌは何英ガロンか。ただし，1英ガロン＝4.546Ｌとする。（英ガロン未満4捨5入）

答

(9) 1mにつき¥495の商品を230m仕入れ，仕入諸掛を支払ったところ，諸掛込原価が¥119,700となった。仕入諸掛はいくらであったか。

答

(10) ある金額の2割6分引きが¥340,400であった。ある金額はいくらか。

答

(11) ¥7,684は何ユーロ何セントか。ただし，€1=¥134とする。
(セント未満4捨5入)

答 ＿＿＿＿＿＿＿＿

(12) ¥950,000の86％はいくらか。

答 ＿＿＿＿＿＿＿＿

(13) ¥390,000を年利率5％で5月12日から7月16日まで貸すと，期日に受け取る利息はいくらか。(片落とし，円未満切り捨て)

答 ＿＿＿＿＿＿＿＿

(14) ある商品を¥283,500で販売すると，原価の35％の利益がある。この商品の原価はいくらか。

答 ＿＿＿＿＿＿＿＿

(15) ある屋外コンサートの昨年の入場者数は270,000人で，今年の入場者数は259,200人であった。今年の入場者数は昨年に比べて何パーセント減少したか。

答 ＿＿＿＿＿＿＿＿

(16) ある商品を10kgにつき¥8,500で仕入れ，代価¥569,500を支払った。仕入数量は何キログラムであったか。

答 ＿＿＿＿＿＿＿＿

(17) ¥910,000を年利率2.8％で9か月間貸し付けると，期日に受け取る元利合計はいくらか。

答 ＿＿＿＿＿＿＿＿

(18) 19,500kgは何米トンか。ただし，1米トン=907.2kgとする。
(米トン未満4捨5入)

答 ＿＿＿＿＿＿＿＿

(19) £51.79は円でいくらか。ただし，£1=¥148とする。(円未満4捨5入)

答 ＿＿＿＿＿＿＿＿

(20) 原価¥320,000の商品を販売したところ，損失額が¥57,600となった。損失額は原価の何パーセントか。

答 ＿＿＿＿＿＿＿＿

年　組　番
名前

正答数	得点
	(×5)

公益財団法人　全国商業高等学校協会主催

文　部　科　学　省　後　援

第7回　ビジネス計算実務検定模擬試験

第3級　普通計算部門　（制限時間　A・B・C合わせて30分）

(A) 乗算問題

（注意）円未満4捨5入，構成比率はパーセントの小数第2位未満4捨5入

1	¥ 1,951 × 69 =
2	¥ 63 × 9,834 =
3	¥ 92 × 7.6625 =
4	¥ 2,038 × 4,902 =
5	¥ 40,487 × 0.013 =

答えの小計・合計	合計Aに対する構成比率	
小計(1)〜(3)	(1)	(1)〜(3)
	(2)	
	(3)	
小計(4)〜(5)	(4)	(4)〜(5)
	(5)	
合計A(1)〜(5)		

（注意）セント未満4捨5入，構成比率はパーセントの小数第2位未満4捨5入

6	$ 7.24 × 271 =
7	$ 852.10 × 0.508 =
8	$ 33.09 × 180 =
9	$ 6.75 × 84.56 =
10	$ 5.46 × 3,179.7 =

答えの小計・合計	合計Bに対する構成比率	
小計(6)〜(8)	(6)	(6)〜(8)
	(7)	
	(8)	
小計(9)〜(10)	(9)	(9)〜(10)
	(10)	
合計B(6)〜(10)		

(B) 除　算　問　題

(注意) 円未満4捨5入，構成比率はパーセントの小数第2位未満4捨5入

1	¥ 20,224 ÷ 64 =
2	¥ 911 ÷ 0.45 =
3	¥ 105,075 ÷ 701.1 =
4	¥ 22,989 ÷ 237 =
5	¥ 778,592 ÷ 928 =

答えの小計・合計	合計Cに対する構成比率	
小計(1)〜(3)	(1)	(1)〜(3)
	(2)	
	(3)	
小計(4)〜(5)	(4)	(4)〜(5)
	(5)	
合計C(1)〜(5)		

(注意) セント未満4捨5入，構成比率はパーセントの小数第2位未満4捨5入

6	€ 1,626.24 ÷ 3,872 =
7	€ 53.70 ÷ 8.9 =
8	€ 1,117.20 ÷ 190 =
9	€ 3,846.85 ÷ 40.6 =
10	€ 0.43 ÷ 0.05653 =

答えの小計・合計	合計Dに対する構成比率	
小計(6)〜(8)	(6)	(6)〜(8)
	(7)	
	(8)	
小計(9)〜(10)	(9)	(9)〜(10)
	(10)	
合計D(6)〜(10)		

年	組	番
名前		

	そろばん
	電　卓

(A) 乗算得点	(B) 除算得点

第３級　普通計算部門

（制限時間　A・B・C合わせて30分）

(C) 見取算問題

（注意）構成比率はパーセントの小数第2位未満4捨5入

No.	1	2	3	4	5
1	¥ 5,129	¥ 154	¥ 6,074,053	¥ 827	¥ 206
2	104,495	28,503	7,380	3,013	640
3	61,352	9,820	81,571	79,321	938
4	320,941	−534	698	−4,296	579
5	85,630	791	2,331	−545	736
6	9,016	848	589,504	608	917
7	46,283	52,370	92,863	49,059	722
8	7,578	−625	1,203,410	3,146	485
9	38,407	−46,319	367,949	750	147
10	279,864	742	824	−974	328
11		67,293	1,902	−87,662	469
12		456	765	2,481	843
13		−7,168	5,172	1,835	375
14		−30,087	426		290
15		961	845,297		539
16		609			101
17					682
18					805
19					160
20					951
計					

答えの小計合計	小計(1)～(3)	小計(4)～(5)
	合計E(1)～(5)	

合計Eに対する構成比率	(1)	(2)	(3)	(4)	(5)
	(1)～(3)			(4)～(5)	

（注意）構成比率はパーセントの小数第2位未満4捨5入

No.	6	7	8	9	10
1	£ 40.28	£ 763.10	£ 390.61	£ 62,114.52	£ 9,801.35
2	1.76	25,641.69	7.32	40,826.71	68.42
3	64.67	53.48	623.17	93,702.96	−45.16
4	5.12	4,074.37	−8.93	75,698.34	627.81
5	873.85	96,880.51	−35.09	28,157.89	543.29
6	4.21	59.02	912.75	16,501.05	3,186.53
7	90.56	21.95	49.40	59,739.13	−230.36
8	2.94	39,206.24	−680.38	46,043.68	−7,914.77
9	3.79	15.83	51.43	87,425.47	52.04
10	508.41	8,794.78	7.82	38,063.20	2,570.97
11	6.30	138.46	−9.26		−895.60
12	39.92	67.01	−76.54		19.08
13	8.14	50,352.72	1.07		
14	7.03		24.18		
15			455.86		
計					

答えの小計合計		
	小計(6)〜(8)	小計(9)〜(10)
	合計F(6)〜(10)	

合計Fに対する構成比率					
	(6)	(7)	(8)	(9)	(10)
	(6)〜(8)			(9)〜(10)	

年	組	番
名前		

	そろばん
	電　卓

（C）見取算得点

総　得　点

〔第７回模擬〕

第３級　ビジネス計算部門（制限時間30分）

（注意）答えに端数が生じた場合は（　）内の条件によって処理すること。

(1) 10kgにつき¥3,680の商品を710kg販売した。代価はいくらか。

答 ______________

(2) 元金¥470,000を年利率2.2％で11か月間貸し付けると，期日に受け取る利息はいくらか。（円未満切り捨て）

答 ______________

(3) ¥873,200は¥590,000の何パーセント増しか。

答 ______________

(4) $60.31は円でいくらか。ただし，$1=¥115とする。（円未満4捨5入）

答 ______________

(5) 30個につき¥2,760の商品を7,200個仕入れ，仕入諸掛¥39,600を支払った。諸掛込原価はいくらか。

答 ______________

(6) 797mは何フィートか。ただし，1ft=0.3048mとする。（フィート未満4捨5入）

答 ______________

(7) ¥570,000を年利率1％で3月6日から5月9日まで貸すと，期日に受け取る元利合計はいくらか。（片落とし，円未満切り捨て）

答 ______________

(8) 938米ガロンは何リットルか。ただし，1米ガロン=3.785Lとする。（リットル未満4捨5入）

答 ______________

(9) ある商品を予定売価の7掛で販売したところ，実売価が¥637,000になった。予定売価はいくらであったか。

答 ______________

(10) ¥8,973は何ポンド何ペンスか。ただし，£1=¥144とする。（ペンス未満4捨5入）

答 ______________

(11) ¥490,000の78%はいくらか。

答 ＿＿＿＿＿＿＿＿

(12) ¥180,000を年利率2.7%で81日間借り入れると，期日に支払う元利合計はいくらか。（円未満切り捨て）

答 ＿＿＿＿＿＿＿＿

(13) 1Lにつき¥120の商品を2,300L仕入れた。この商品に仕入原価の29%の利益をみて販売すると，利益の総額はいくらか。

答 ＿＿＿＿＿＿＿＿

(14) ¥140,000の5割3分増しはいくらか。

答 ＿＿＿＿＿＿＿＿

(15) 215kgは何ポンドか。ただし，1lb=0.4536kgとする。（ポンド未満4捨5入）

答 ＿＿＿＿＿＿＿＿

(16) ¥9,821は何ユーロ何セントか。ただし，€1=¥124とする。（セント未満4捨5入）

答 ＿＿＿＿＿＿＿＿

(17) 予定売価¥760,000の商品を予定売価から¥243,200値引きして販売した。値引額は予定売価の何割何分であったか。

答 ＿＿＿＿＿＿＿＿

(18) ¥670,000を年利率3.8%で75日間借りると，期日に支払う利息はいくらか。（円未満切り捨て）

答 ＿＿＿＿＿＿＿＿

(19) ある県の今年の米の収穫量は550,800トンで，昨年は510,000トンであった。米の収穫量は昨年に比べて何パーセント増加したか。

答 ＿＿＿＿＿＿＿＿

(20) 原価¥840,000の商品に，原価の33%の利益をみて予定売価をつけた。予定売価はいくらか。

答 ＿＿＿＿＿＿＿＿

年	組	番
名前		

正答数	得　点
(×5)	

3級問題②

公益財団法人　全国商業高等学校協会主催

文　部　科　学　省　後　援

第8回　ビジネス計算実務検定模擬試験

第３級　普通計算部門　（制限時間　A・B・C合わせて30分）

(A) 乗　算　問　題

（注意）円未満4捨5入，構成比率はパーセントの小数第2位未満4捨5入

1	¥ 4,946 × 12 =
2	¥ 31 × 5,073 =
3	¥ 658 × 266.41 =
4	¥ 70,824 × 0.038 =
5	¥ 95 × 40,196 =

答えの小計・合計	合計Aに対する構成比率	
小計(1)〜(3)	(1)	(1)〜(3)
	(2)	
	(3)	
小計(4)〜(5)	(4)	(4)〜(5)
	(5)	
合計A(1)〜(5)		

（注意）セント未満4捨5入，構成比率はパーセントの小数第2位未満4捨5入

6	€ 5.10 × 62.5 =
7	€ 2.79 × 8,717 =
8	€ 85.67 × 0.904 =
9	€ 14.83 × 3,280 =
10	€ 933.02 × 7.59 =

答えの小計・合計	合計Bに対する構成比率	
小計(6)〜(8)	(6)	(6)〜(8)
	(7)	
	(8)	
小計(9)〜(10)	(9)	(9)〜(10)
	(10)	
合計B(6)〜(10)		

(B) 除　算　問　題

（注意）円未満4捨5入，構成比率はパーセントの小数第2位未満4捨5入

1	¥　4,238 ÷ 326 =	
2	¥　28,623 ÷ 47 =	
3	¥　8,061 ÷ 10.4 =	
4	¥　3,421 ÷ 0.68 =	
5	¥　5,321,088 ÷ 5,952 =	

答えの小計・合計	合計Cに対する構成比率	
小計(1)〜(3)	(1)	(1)〜(3)
	(2)	
	(3)	
小計(4)〜(5)	(4)	(4)〜(5)
	(5)	
合計C(1)〜(5)		

（注意）ペンス未満4捨5入，構成比率はパーセントの小数第2位未満4捨5入

6	£　3,099.96 ÷ 8,611 =	
7	£　0.43 ÷ 0.093 =	
8	£　10,440.40 ÷ 430 =	
9	£　326.24 ÷ 207.9 =	
10	£　769.30 ÷ 78.5 =	

答えの小計・合計	合計Dに対する構成比率	
小計(6)〜(8)	(6)	(6)〜(8)
	(7)	
	(8)	
小計(9)〜(10)	(9)	(9)〜(10)
	(10)	
合計D(6)〜(10)		

年	組	番
名前		

	そろばん
	電　卓

(A) 乗算得点	(B) 除算得点

第３級　普通計算部門

（制限時間　A・B・C合わせて30分）

(C) 見取算問題

（注意）構成比率はパーセントの小数第2位未満4捨5入

No.	1	2	3	4	5
1	¥ 4,103	¥ 6,079,021	¥ 287	¥ 934	¥ 504,329
2	598	786,473	609	8,701	4,031,657
3	1,482	8,910	372	−195	26,738
4	716	−53,549	824	613	8,005
5	242	−4,836	156	840	60,183
6	639	285	792	−4,989	351,741
7	7,028	652	945	−712	9,562
8	364	−1,422,397	861	−3,058	1,075,279
9	925	30,168	433	6,214	8,915
10	5,776	961,704	506	467	93,694
11	807		420	359	2,846,486
12	931		708	−5,026	7,823
13	560		181	−278	421,370
14	384		930	563	
15	2,051		365	2,880	
16			674	396	
17			590	247	
18			254	175	
19			917		
20			832		
計					

答えの小計合計	小計(1)～(3)	小計(4)～(5)
	合計E(1)～(5)	

合計Eに対する構成比率	(1)	(2)	(3)	(4)	(5)
	(1)～(3)			(4)～(5)	

（注意）構成比率はパーセントの小数第2位未満4捨5入

No.	6	7	8	9	10
1	$ 854.76	$ 3.42	$ 7.10	$ 6,382.75	$ 17.08
2	467.25	1,069.81	3.54	730.18	64,951.89
3	732.79	41.14	8,901.62	469.60	−310.93
4	984.82	6,792.70	−95.31	81,245.21	597.15
5	610.51	308.05	−246.84	7,407.98	42.94
6	583.06	2.49	14.78	5,028.43	−7,260.36
7	208.69	45,713.96	79.97	4,103.59	−83.73
8	394.40	7.28	5.26	90,551.32	34.50
9	216.37	86.53	−4,023.61	5,687.04	806.24
10	150.13	560.47	2.85	192.65	325.87
11		94.63	757.39	234.86	−90.41
12		21,850.38	−1.20	3,976.17	−20,528.67
13		5.29	−30.45		1,669.12
14			98.03		78.56
15			6.58		
計					

答えの小計合計	小計(6)〜(8)	小計(9)〜(10)
	合計F(6)〜(10)	

合計Fに対する構成比率	(6)	(7)	(8)	(9)	(10)
	(6)〜(8)			(9)〜(10)	

年	組	番
名前		

	そろばん
	電　卓

(C) 見取算得点

総　得　点

第３級　ビジネス計算部門（制限時間30分）

（注意）答えに端数が生じた場合は(　)内の条件によって処理すること。

(1) ¥47,300の1割7分はいくらか。

答 ＿＿＿＿＿＿＿＿

(2) ¥190,000を年利率2.7%で8か月間貸すと，期日に受け取る利息はいくらか。

答 ＿＿＿＿＿＿＿＿

(3) 562ydは何メートルか。ただし，1yd＝0.9144mとする。
（メートル未満4捨5入）

答 ＿＿＿＿＿＿＿＿

(4) 原価¥930,000の商品に，原価の46％の利益をみて販売すると，利益額はいくらか。

答 ＿＿＿＿＿＿＿＿

(5) ¥650,000を年利率4%で8月5日から10月16日まで借りると，期日に支払う元利合計はいくらか。（片落とし，円未満切り捨て）

答 ＿＿＿＿＿＿＿＿

(6) ¥530,000の76％増しはいくらか。

答 ＿＿＿＿＿＿＿＿

(7) €97.26は円でいくらか。ただし，€1＝¥131とする。（円未満4捨5入）

答 ＿＿＿＿＿＿＿＿

(8) 原価の2割1分の利益をみて¥713,900の予定売価をつけた。この商品の原価はいくらか。

答 ＿＿＿＿＿＿＿＿

(9) 669mは何フィートか。ただし，1ft=0.3048mとする。
（フィート未満4捨5入）

答 ＿＿＿＿＿＿＿＿

(10) 1箱につき¥370の商品を810箱仕入れ，仕入諸掛を支払ったところ，諸掛込原価が¥309,000となった。仕入諸掛はいくらであったか。

答 ＿＿＿＿＿＿＿＿

(11) 235Lは何米ガロンか。ただし，1米ガロン=3.785Lとする。
(米ガロン未満4捨5入)

答 ＿＿＿＿＿＿＿＿

(12) 10パックにつき¥740の商品を950パック販売した。代価はいくらか。

答 ＿＿＿＿＿＿＿＿

(13) 元金¥240,000を年利率3.6%で54日間借り入れると，期日に支払う利息はいくらか。(円未満切り捨て)

答 ＿＿＿＿＿＿＿＿

(14) ある施設の昨年の入館者数は165,000人で，今年は221,100人であった。入館者数は昨年に比べて何パーセント増加したか。

答 ＿＿＿＿＿＿＿＿

(15) ¥8,915は何ドル何セントか。ただし，$1=¥122とする。
(セント未満4捨5入)

答 ＿＿＿＿＿＿＿＿

(16) 10台につき¥26,100の商品を仕入れ，代価¥488,070を支払った。仕入台数は何台か。

答 ＿＿＿＿＿＿＿＿

(17) 34英トンは何キログラムか。ただし，1英トン=1,016kgとする。

答 ＿＿＿＿＿＿＿＿

(18) ¥820,000を年利率1.4%で63日間貸すと，期日に受け取る元利合計はいくらか。(円未満切り捨て)

答 ＿＿＿＿＿＿＿＿

(19) ¥4,292は何ポンド何ペンスか。ただし，£1=¥187とする。
(ペンス未満4捨5入)

答 ＿＿＿＿＿＿＿＿

(20) 原価¥960,000の商品を販売して，¥412,800の利益を得た。利益額は原価の何パーセントか。

答 ＿＿＿＿＿＿＿＿

年	組	番
名前		

正答数	得点
(×5)	

公益財団法人　全国商業高等学校協会主催
文　部　科　学　省　後　援

第9回　ビジネス計算実務検定模擬試験

第３級　普通計算部門　（制限時間　A・B・C合わせて30分）

(A) 乗算問題

（注意）円未満4捨5入，構成比率はパーセントの小数第2位未満4捨5入

1	¥ 36 × 2,694 =
2	¥ 20,198 × 83 =
3	¥ 7,702 × 0.056 =
4	¥ 43 × 30,392 =
5	¥ 9,571 × 6.849 =

答えの小計・合計	合計Aに対する構成比率	
小計(1)〜(3)	(1)	(1)〜(3)
	(2)	
	(3)	
小計(4)〜(5)	(4)	(4)〜(5)
	(5)	
合計A(1)〜(5)		

（注意）ペンス未満4捨5入，構成比率はパーセントの小数第2位未満4捨5入

6	£ 4.64 × 76.5 =
7	£ 52.89 × 138 =
8	£ 6.35 × 0.9107 =
9	£ 815.07 × 470 =
10	£ 1.80 × 542.21 =

答えの小計・合計	合計Bに対する構成比率	
小計(6)〜(8)	(6)	(6)〜(8)
	(7)	
	(8)	
小計(9)〜(10)	(9)	(9)〜(10)
	(10)	
合計B(6)〜(10)		

(B) 除算問題

(注意) 円未満4捨5入，構成比率はパーセントの小数第2位未満4捨5入

1	¥ 46,200 ÷ 84 =
2	¥ 205 ÷ 0.982 =
3	¥ 7,866 ÷ 171 =
4	¥ 9,477 ÷ 5.6 =
5	¥ 3,239,820 ÷ 4,390 =

答えの小計・合計	合計Cに対する構成比率	
小計(1)〜(3)	(1)	(1)〜(3)
	(2)	
	(3)	
小計(4)〜(5)	(4)	(4)〜(5)
	(5)	
合計C(1)〜(5)		

(注意) セント未満4捨5入，構成比率はパーセントの小数第2位未満4捨5入

6	$ 217.81 ÷ 23 =
7	$ 41.42 ÷ 66.07 =
8	$ 6.02 ÷ 0.0745 =
9	$ 396.75 ÷ 105.8 =
10	$ 704.06 ÷ 329 =

答えの小計・合計	合計Dに対する構成比率	
小計(6)〜(8)	(6)	(6)〜(8)
	(7)	
	(8)	
小計(9)〜(10)	(9)	(9)〜(10)
	(10)	
合計D(6)〜(10)		

年　組　番
名前

	そろばん
	電　卓

(A) 乗算得点	(B) 除算得点

第３級　普通計算部門

（制限時間　A・B・C合わせて30分）

(C) 見取算問題

（注意）構成比率はパーセントの小数第2位未満4捨5入

No.	1	2	3	4	5
1	¥ 7,051	¥ 874	¥ 508,697	¥ 198	¥ 9,562
2	902	408	315	9,649	765,971
3	399	665	14,279	256	84,020
4	9,435	416	958	307,421	−260,357
5	6,147	593	4,984,303	853	−17,219
6	4,523	207	−65,724	937	3,894
7	818	539	−387	86,514	52,475
8	254	760	132	469	−1,833
9	3,672	912	3,405	231,801	43,906
10	780	184	764	90,327	610,428
11	1,063	625	−2,680,029	540	
12	8,491	381	−8,546	157,082	
13	276	896	−182,061	778	
14	5,604	242	892	636	
15		317	510	2,845	
16		950	19,673		
17		109			
18		348			
19		670			
20		752			
計					

答えの小計合計	小計(1)〜(3)	小計(4)〜(5)
	合計E(1)〜(5)	

合計Eに対する構成比率	(1)	(2)	(3)	(4)	(5)
	(1)〜(3)			(4)〜(5)	

（注意）構成比率はパーセントの小数第2位未満4捨5入

No.	6	7	8	9	10
1	€ 265.86	€ 5.60	€ 3,754.09	€ 61.83	€ 4,276.05
2	879.38	6.27	280.25	90,857.65	512.39
3	922.70	7,897.35	634.96	−53,264.48	726.15
4	601.45	−84.79	706.11	386.91	43,083.78
5	130.94	−255.14	1,248.52	78.07	9,679.06
6	648.21	39.02	893.69	−2,047.51	8,034.58
7	519.04	8.26	5,017.30	−160.29	3,625.63
8	757.12	67.49	3,979.82	73.46	20,191.40
9	473.68	−2.13	6,510.74	39.54	9,285.31
10	340.59	−4,150.71	956.47	−452.37	698.84
11		37.08	423.81	−21.72	752.41
12		81.92		505.89	1,049.57
13		−404.53		9,319.62	
14		3.80		84.10	
15		9.16			
計					

答えの小計合計		
	小計(6)〜(8)	小計(9)〜(10)
	合計F(6)〜(10)	

合計Fに対する構成比率					
	(6)	(7)	(8)	(9)	(10)
	(6)〜(8)			(9)〜(10)	

年	組	番
名前		

	そろばん
	電卓

（C）見取算得点

総得点

〔第９回模擬〕

第３級　ビジネス計算部門（制限時間30分）

（注意）答えに端数が生じた場合は(　)内の条件によって処理すること。

(1) 793ftは何メートルか。ただし，1ft＝0.3048mとする。（メートル未満4捨5入）

答＿＿＿＿＿＿＿＿

(2) ¥6,431は何ドル何セントか。ただし，$1=¥115とする。（セント未満4捨5入）

答＿＿＿＿＿＿＿＿

(3) ¥580,000の69%はいくらか。

答＿＿＿＿＿＿＿＿

(4) 予定売価の35%引きで販売したところ，実売価が¥247,000になった。予定売価はいくらであったか。

答＿＿＿＿＿＿＿＿

(5) ¥140,000を年利率5.4%で1年7か月間貸すと，期日に受け取る元利合計はいくらか。

答＿＿＿＿＿＿＿＿

(6) 10箱につき¥4,980の商品を380箱仕入れ，仕入諸掛を支払ったところ，諸掛込原価が¥198,000となった。仕入諸掛はいくらであったか。

答＿＿＿＿＿＿＿＿

(7) ¥850,000を年利率4%で7月18日から9月26日まで借り入れると，期日に支払う利息はいくらか。（片落とし，円未満切り捨て）

答＿＿＿＿＿＿＿＿

(8) $59.84は円でいくらか。ただし，$1=¥118とする。（円未満4捨5入）

答＿＿＿＿＿＿＿＿

(9) 原価の2割4分の利益をみて¥806,000で販売した。この商品の原価はいくらであったか。

答＿＿＿＿＿＿＿＿

(10) ある会社の先月の通信費は¥180,000で，今月の通信費は¥163,800であった。今月の通信費は先月に比べて何パーセント減少したか。

答＿＿＿＿＿＿＿＿

(11) 元金¥270,000を年利率3.4%で5か月間貸し付けると，期日に受け取る利息はいくらか。

答 ____________

(12) ¥3,729は何ポンド何ペンスか。ただし，£1=¥184とする。
(ペンス未満4捨5入)

答 ____________

(13) ある金額の19%が¥134,900であった。ある金額はいくらか。

答 ____________

(14) 62米トンは何キログラムか。ただし，1米トン=907.2kgとする。
(キログラム未満4捨5入)

答 ____________

(15) 原価¥360,000の商品を販売したところ，¥111,600の損失となった。損失額は原価の何割何分であったか。

答 ____________

(16) 575kgは何ポンドか。ただし，1lb=0.4536kgとする。(ポンド未満4捨5入)

答 ____________

(17) ¥960,000を年利率2.7%で89日間借りると，期日に支払う元利合計はいくらか。(円未満切り捨て)

答 ____________

(18) ¥480,000の55%引きはいくらか。

答 ____________

(19) €98.66は円でいくらか。ただし，€1=¥148とする。(円未満4捨5入)

答 ____________

(20) ある商品を¥724,500で仕入れ，仕入諸掛¥23,500を支払った。この商品に諸掛込原価の15%の利益をみて販売すると，売上高はいくらか。

答 ____________

年	組	番
名前		

正答数	得 点
(×5)	

公益財団法人　全国商業高等学校協会主催

文　部　科　学　省　後　援

第10回　ビジネス計算実務検定模擬試験

第３級　普通計算部門　（制限時間　A・B・C合わせて30分）

(A) 乗　算　問　題

（注意）円未満4捨5入，構成比率はパーセントの小数第2位未満4捨5入

1	¥ 38 × 5,106 =
2	¥ 2,014 × 0.091 =
3	¥ 7,229 × 7,470 =
4	¥ 41 × 1,809.8 =
5	¥ 63,075 × 32 =

答えの小計・合計	合計Aに対する構成比率	
小計(1)〜(3)	(1)	(1)〜(3)
	(2)	
	(3)	
小計(4)〜(5)	(4)	(4)〜(5)
	(5)	
合計A(1)〜(5)		

（注意）セント未満4捨5入，構成比率はパーセントの小数第2位未満4捨5入

6	$ 16.92 × 689 =
7	$ 8.17 × 0.243 =
8	$ 9.40 × 855.4 =
9	$ 593.53 × 13.7 =
10	$ 7.86 × 46,025 =

答えの小計・合計	合計Bに対する構成比率	
小計(6)〜(8)	(6)	(6)〜(8)
	(7)	
	(8)	
小計(9)〜(10)	(9)	(9)〜(10)
	(10)	
合計B(6)〜(10)		

(B) 除 算 問 題

（注意）円未満4捨5入，構成比率はパーセントの小数第2位未満4捨5入

1	¥ 26,660 ÷ 430 =
2	¥ 443,313 ÷ 81 =
3	¥ 662 ÷ 0.79 =
4	¥ 50,591 ÷ 251.3 =
5	¥ 112,892 ÷ 668 =

答えの小計・合計	合計Cに対する構成比率	
小計(1)～(3)	(1)	(1)～(3)
	(2)	
	(3)	
小計(4)～(5)	(4)	(4)～(5)
	(5)	
合計C(1)～(5)		

（注意）セント未満4捨5入，構成比率はパーセントの小数第2位未満4捨5入

6	€ 1,732.64 ÷ 5,096 =
7	€ 20.30 ÷ 3.5 =
8	€ 0.35 ÷ 0.08424 =
9	€ 1,714.84 ÷ 172 =
10	€ 6,372.43 ÷ 90.7 =

答えの小計・合計	合計Dに対する構成比率	
小計(6)～(8)	(6)	(6)～(8)
	(7)	
	(8)	
小計(9)～(10)	(9)	(9)～(10)
	(10)	
合計D(6)～(10)		

年	組	番
名前		

	そろばん
	電　卓

（A）乗算得点	（B）除算得点

第３級　普通計算部門

(制限時間　A・B・C合わせて30分)

(C) 見取算問題

(注意) 構成比率はパーセントの小数第2位未満4捨5入

No.	1	2	3	4	5
1	¥ 25,464	¥ 359	¥ 42,731	¥ 603	¥ 785
2	60,972	1,643	7,214	90,171	230
3	12,635	270	−1,746	725	601
4	43,321	3,498	628,378	2,950	−128
5	80,190	251	4,980	880,749	−473
6	57,089	7,587	−5,123	9,413	896
7	31,876	863	−90,091	538	639
8	74,158	5,429	6,457	3,027	183
9	98,207	602	353,069	459,842	−915
10	56,793	2,010	−9,582	1,246,586	−554
11		6,184	2,605	675	−409
12		406		5,104	845
13		724		2,063,261	767
14		8,136		392	620
15		1,995		79,168	274
16		537		834	−716
17		7,948			−981
18					432
19					908
20					352
計					

答えの小計合計	小計(1)〜(3)	小計(4)〜(5)
	合計E(1)〜(5)	

合計Eに対する構成比率	(1)	(2)	(3)	(4)	(5)
	(1)〜(3)			(4)〜(5)	

（注意）構成比率はパーセントの小数第2位未満4捨5入

No.	6	7	8	9	10
1	£ 9,103.62	£ 807.16	£ 12,405.10	£ 564.28	£ 410.67
2	51.83	724.50	65,811.69	21.76	13,796.82
3	68.72	58.91	74,638.52	−395.02	8.45
4	422.57	−35.42	53,190.35	457.70	29.04
5	594.01	−640.84	21,576.43	806.92	4,801.89
6	2,089.37	96.68	39,782.94	−12.53	93.91
7	970.48	381.79	86,267.08	−3.09	7.56
8	1,735.85	−262.03	47,349.27	689.81	31.23
9	67.90	−570.97	98,023.71	740.34	544.07
10	3,846.14	13.25	60,954.87	38.65	6,985.78
11	630.29	49.31		−91.47	42,053.21
12	15.06			−4.36	8.30
13				83.20	2.46
14				75.19	365.17
15					972.60
計					

答えの小計合計		
	小計(6)〜(8)	小計(9)〜(10)
	合計F(6)〜(10)	

合計Fに対する構成比率					
	(6)	(7)	(8)	(9)	(10)
	(6)〜(8)			(9)〜(10)	

年	組	番
名前		

	そろばん
	電　卓

（C）見取算得点

総　得　点

〔第10回模擬〕

第３級　ビジネス計算部門（制限時間30分）

（注意）答えに端数が生じた場合は（　）内の条件によって処理すること。

(1) 859ydは何メートルか。ただし，1yd=0.9144mとする。
（メートル未満4捨5入）

答＿＿＿＿＿＿＿＿

(2) ¥170,000の4割2分引きはいくらか。

答＿＿＿＿＿＿＿＿

(3) €54.17は円でいくらか。ただし，€1=¥139とする。（円未満4捨5入）

答＿＿＿＿＿＿＿＿

(4) ある商品を1英トンにつき¥3,800で仕入れ，代金¥323,000を支払った。
仕入数量は何英トンか。

答＿＿＿＿＿＿＿＿

(5) ¥950,000を年利率4.6％で1年3か月間貸すと，期日に受け取る利息はいくらか。

答＿＿＿＿＿＿＿＿

(6) 10ダースにつき¥620の商品を，720ダース販売した。代価はいくらか。

答＿＿＿＿＿＿＿＿

(7) ¥140,000の27％はいくらか。

答＿＿＿＿＿＿＿＿

(8) ¥470,000を年利率5.3％で91日間借りると，期日に支払う利息はいくらか。
（円未満切り捨て）

答＿＿＿＿＿＿＿＿

(9) 予定売価¥930,000の商品を，予定売価の6％引きで販売した。値引額はいくらであったか。

答＿＿＿＿＿＿＿＿

(10) ¥2,104は何ポンド何ペンスか。ただし，£1=¥167とする。
（ペンス未満4捨5入）

答＿＿＿＿＿＿＿＿

(11) ¥260,000を年利率3.5%で65日間借り入れると，期日に支払う元利合計はいくらか。（円未満切り捨て）

答 ＿＿＿＿＿＿＿＿

(12) 342lbは何キログラムか。ただし，1lb＝0.4536kgとする。（キログラム未満4捨5入）

答 ＿＿＿＿＿＿＿＿

(13) ある会社の先月の水道光熱費は¥790,000で，今月は先月より18%増加した。今月の水道光熱費はいくらであったか。

答 ＿＿＿＿＿＿＿＿

(14) 予定売価¥570,000の商品を，予定売価から¥131,100値引きして販売した。値引額は予定売価の何割何分であったか。

答 ＿＿＿＿＿＿＿＿

(15) 869Lは何英ガロンか。ただし，1英ガロン=4.546Lとする。（英ガロン未満4捨5入）

答 ＿＿＿＿＿＿＿＿

(16) ある金額の2割9分増しが¥451,500であった。ある金額はいくらか。

答 ＿＿＿＿＿＿＿＿

(17) ¥680,000を年利率2%で12月5日から翌年2月4日まで貸すと，期日に受け取る元利合計はいくらか。（片落とし，円未満切り捨て）

答 ＿＿＿＿＿＿＿＿

(18) 原価¥710,000の商品に，原価の37%の利益をみて販売した。利益額はいくらか。

答 ＿＿＿＿＿＿＿＿

(19) $39.48は円でいくらか。ただし，$1=¥102とする。（円未満4捨5入）

答 ＿＿＿＿＿＿＿＿

(20) 73,600kgは何米トンか。ただし，1米トン=907.2kgとする。（米トン未満4捨5入）

答 ＿＿＿＿＿＿＿＿

年	組	番
名前		

正答数	得　点
（×5）	

公益財団法人　全国商業高等学校協会主催
文　部　科　学　省　後　援

第146回　ビジネス計算実務検定試験

第３級　普通計算部門 （制限時間 A・B・C 合わせて30分）

(A) 乗算問題

（注意）円未満４捨５入，構成比率はパーセントの小数第２位未満４捨５入

(1)	¥ 7,992 × 36 =
(2)	¥ 213 × 7,252 =
(3)	¥ 81,045 × 0.517 =
(4)	¥ 61 × 946.03 =
(5)	¥ 934 × 840 =

答えの小計・合計	合計Aに対する構成比率	
小計(1)〜(3)	(1)	(1)〜(3)
	(2)	
	(3)	
小計(4)〜(5)	(4)	(4)〜(5)
	(5)	
合計A(1)〜(5)		

（注意）ペンス未満４捨５入，構成比率はパーセントの小数第２位未満４捨５入

(6)	£ 1.26 × 4,805.9 =
(7)	£ 508.57 × 14 =
(8)	£ 76.30 × 668 =
(9)	£ 0.49 × 970.1 =
(10)	£ 38.28 × 23.75 =

答えの小計・合計	合計Bに対する構成比率	
小計(6)〜(8)	(6)	(6)〜(8)
	(7)	
	(8)	
小計(9)〜(10)	(9)	(9)〜(10)
	(10)	
合計B(6)〜(10)		

(B) 除算問題

(注意) 円未満４捨５入，構成比率はパーセントの小数第２位未満４捨５入

(1)	¥ 31,236 ÷ 822=
(2)	¥ 1,761 ÷ 3.51=
(3)	¥ 77,658 ÷ 1,806=
(4)	¥ 60,444 ÷ 69=
(5)	¥ 81,706 ÷ 41.7=

答えの小計・合計	合計Cに対する構成比率	
小計(1)〜(3)	(1)	(1)〜(3)
	(2)	
	(3)	
小計(4)〜(5)	(4)	(4)〜(5)
	(5)	
合計C(1)〜(5)		

(注意) セント未満４捨５入，構成比率はパーセントの小数第２位未満４捨５入

(6)	€ 28,831.20 ÷ 2,930=
(7)	€ 0.18 ÷ 0.053=
(8)	€ 6,778.34 ÷ 94=
(9)	€ 475.09 ÷ 707.8=
(10)	€ 956.04 ÷ 46.5=

答えの小計・合計	合計Dに対する構成比率	
小計(6)〜(8)	(6)	(6)〜(8)
	(7)	
	(8)	
小計(9)〜(10)	(9)	(9)〜(10)
	(10)	
合計D(6)〜(10)		

試験場校名	
受験番号	

	そろばん
	電　卓

(A) 乗算得点	(B) 除算得点

第３級　普通計算部門 (制限時間 A・B・C 合わせて30分)

(C) 見取算問題

(注意) 構成比率はパーセントの小数第２位未満４捨５入

No.	(1)	(2)	(3)	(4)	(5)
1	¥ 3,285	¥ 7,065,942	¥ 860,489	¥ 496	¥ 18,350
2	107	643,203	7,623	801	799
3	2,631	−57,898	49,105	325	9,027
4	458	9,017	6,730	−238	143,195
5	717	460	50,978	−147	564
6	302	81,395	3,216	406	126
7	4,193	−234,551	4,358	713	470
8	840	−6,180	95,464	602	5,738
9	529	1,928,726	2,081	−930	341
10	7,036	374	11,527	−684	71,608
11	644		398,312	−577	232
12	951		5,690	245	82,589
13	5,068		2,847	810	962
14	273			469	3,054
15	896			353	407,487
16				−782	6,946
17				−590	803
18				865	615
19				921	
20				179	
計					

答えの小計・合計		
	小計(1)〜(3)	小計(4)〜(5)
	合計E(1)〜(5)	

合計Eに対する構成比率					
	(1)	(2)	(3)	(4)	(5)
	(1)〜(3)			(4)〜(5)	

（注意）構成比率はパーセントの小数第２位未満４捨５入

No.	(6)	(7)	(8)	(9)	(10)
1	$ 20.14	$ 7,423.18	$ 94,725.63	$ 6.87	$ 586.91
2	465.23	2,537.04	82.79	19.74	7,220.57
3	97.68	1,960.62	371.54	7,365.07	−645.38
4	638.02	7,841.09	−2,497.31	4,281.69	13.27
5	541.36	8,712.43	−19.85	678.05	9,795.04
6	89.45	4,056.75	658.74	51,029.31	−43.76
7	210.87	3,698.29	45.20	2.46	309.63
8	72.90	9,334.80	−502.67	47.53	8,061.89
9	304.71	6,176.57	−36.83	1.48	−54.02
10	16.69	5,085.91	800.92	56.20	−2,178.15
11	758.53		96.10	8,830.12	39.48
12			−12,138.46	794.39	412.60
13			7,053.91	8.95	
14			64.08	35.21	
15				90,403.72	
計					

答えの小計・合計	小計(6)〜(8)	小計(9)〜(10)
	合計Ｆ(6)〜(10)	

合計Ｆに対する構成比率	(6)	(7)	(8)	(9)	(10)
	(6)〜(8)			(9)〜(10)	

試験場校名	
受験番号	

	そろばん
	電　卓

(C) 見取算得点

総得点

〔第146回検定〕

第3級　ビジネス計算部門（制限時間30分）

（注意）答えに端数が生じた場合は（　）内の条件によって処理すること。

(1) ¥710,000の65%はいくらか。

答 ＿＿＿＿＿＿＿＿

(2) ¥8,364は何ユーロ何セントか。ただし，€1=¥142とする。（セント未満4捨5入）

答 ＿＿＿＿＿＿＿＿

(3) 予定売価(定価)¥910,000の商品を，予定売価(定価)の17%引きで販売した。値引額はいくらか。

答 ＿＿＿＿＿＿＿＿

(4) ¥870,000を年利率2.9%で63日間貸すと，期日に受け取る利息はいくらか。（円未満切り捨て）

答 ＿＿＿＿＿＿＿＿

(5) 78,600kgは何米トンか。ただし，1米トン=907.2kgとする。（米トン未満4捨5入）

答 ＿＿＿＿＿＿＿＿

(6) £57.40は円でいくらか。ただし，£1=¥165とする。

答 ＿＿＿＿＿＿＿＿

(7) 原価¥350,000の商品に¥80,500の利益をみて販売した。利益額は原価の何パーセントか。

答 ＿＿＿＿＿＿＿＿

(8) あるバス会社の昨日の乗車人数は55,000人で，本日の乗車人数は昨日より43%増加した。本日の乗車人数は何人か。

答 ＿＿＿＿＿＿＿＿

(9) 1本につき¥1,820の商品を510本仕入れ，仕入諸掛¥37,900を支払った。諸掛込原価はいくらか。

答 ＿＿＿＿＿＿＿＿

(10) 元金¥240,000を年利率3.4%で11か月間借りると，期日に支払う元利合計はいくらか。

答 ＿＿＿＿＿＿＿＿

(11) ある金額の37%引きが¥403,200であった。ある金額はいくらか。

答 ＿＿＿＿＿＿＿＿

(12) 1枚につき¥930の商品を仕入れ，代価¥762,600を支払った。仕入数量は何枚か。

答 ＿＿＿＿＿＿＿＿

(13) ¥190,000を年利率0.6%で88日間貸すと，期日に受け取る元利合計はいくらか。（円未満切り捨て）

答 ＿＿＿＿＿＿＿＿

(14) $46.81は円でいくらか。ただし，$1=¥139とする。（円未満4捨5入）

答 ＿＿＿＿＿＿＿＿

(15) 84米ガロンは何リットルか。ただし，1米ガロン＝3.785Lとする。（リットル未満4捨5入）

答 ＿＿＿＿＿＿＿＿

(16) ¥545,200は¥940,000の何割何分か。

答 ＿＿＿＿＿＿＿＿

(17) 元金¥660,000を年利率1.2%で6月7日から8月21日まで借りると，期日に支払う利息はいくらか。（片落とし，円未満切り捨て）

答 ＿＿＿＿＿＿＿＿

(18) 予定売価(定価)の9掛で販売したところ，実売価が¥278,100になった。予定売価(定価)はいくらか。

答 ＿＿＿＿＿＿＿＿

(19) 673mは何フィートか。ただし，1ft=0.3048mとする。（フィート未満4捨5入）

答 ＿＿＿＿＿＿＿＿

(20) 10セットにつき¥7,200の商品を850セット仕入れた。この商品に仕入原価の28%の利益をみて全部販売すると，実売価の総額はいくらか。

答 ＿＿＿＿＿＿＿＿

試験場校名	
受験番号	

正答数	得点
(×5)	

公益財団法人　全国商業高等学校協会主催

文　部　科　学　省　後　援

第147回　ビジネス計算実務検定試験

第３級　普通計算部門 （制限時間 A・B・C 合わせて30分）

(A) 乗算問題

（注意）円未満４捨５入，構成比率はパーセントの小数第２位未満４捨５入

(1)	¥ 584 × 870 =
(2)	¥ 43 × 2,481 =
(3)	¥ 26,590 × 0.096 =
(4)	¥ 1,772 × 415 =
(5)	¥ 806 × 3,936.2 =

答えの小計・合計	合計Aに対する構成比率	
小計(1)～(3)	(1)	(1)～(3)
	(2)	
	(3)	
小計(4)～(5)	(4)	(4)～(5)
	(5)	
合計A(1)～(5)		

（注意）セント未満４捨５入，構成比率はパーセントの小数第２位未満４捨５入

(6)	$ 9.25 × 710.4 =
(7)	$ 40.37 × 6.3 =
(8)	$ 385.01 × 209 =
(9)	$ 0.79 × 55,328 =
(10)	$ 61.68 × 14.97 =

答えの小計・合計	合計Bに対する構成比率	
小計(6)～(8)	(6)	(6)～(8)
	(7)	
	(8)	
小計(9)～(10)	(9)	(9)～(10)
	(10)	
合計B(6)～(10)		

(B) 除算問題

(注意) 円未満４捨５入，構成比率はパーセントの小数第２位未満４捨５入

(1)	¥ 213,435 ÷ 4,185 =
(2)	¥ 8,280 ÷ 360 =
(3)	¥ 9,143 ÷ 2.26 =
(4)	¥ 60,606 ÷ 74 =
(5)	¥ 53,157 ÷ 80.9 =

答えの小計・合計	合計Cに対する構成比率	
小計(1)〜(3)	(1)	(1)〜(3)
	(2)	
	(3)	
小計(4)〜(5)	(4)	(4)〜(5)
	(5)	
合計C(1)〜(5)		

(注意) ペンス未満４捨５入，構成比率はパーセントの小数第２位未満４捨５入

(6)	£ 15.79 ÷ 17.1 =
(7)	£ 3,573.58 ÷ 907 =
(8)	£ 21.52 ÷ 0.32 =
(9)	£ 6,451.84 ÷ 593 =
(10)	£ 4,712.43 ÷ 645.8 =

答えの小計・合計	合計Dに対する構成比率	
小計(6)〜(8)	(6)	(6)〜(8)
	(7)	
	(8)	
小計(9)〜(10)	(9)	(9)〜(10)
	(10)	
合計D(6)〜(10)		

試験場校名	
受験番号	

	そろばん
	電卓

(A) 乗算得点	(B) 除算得点

第３級　普通計算部門 (制限時間 A・B・C 合わせて30分)

(C) 見取算問題

(注意) 構成比率はパーセントの小数第２位未満４捨５入

No.	(1)	(2)	(3)	(4)	(5)
1	¥ 1,283	¥ 215,346	¥ 4,192,518	¥ 50,261	¥ 947
2	6,907	56,857	80,461	6,712	835
3	8,562	1,412	54,075	359	660
4	40,015	−3,069	6,210	−2,073	741
5	63,498	902,593	789	−415	208
6	35,750	78,074	203,694	87,976	982
7	8,641	−60,942	527,087	189	379
8	72,316	−439,718	932	603	904
9	9,670	88,135	3,748,501	−756	436
10	54,824	7,620	658	−91,364	175
11	27,139		830	190	528
12			959,143	224	310
13			73,396	−580	892
14			2,457	−3,048	703
15			126	827	681
16				945	150
17				438	297
18					659
19					424
20					513
計					

答えの小計・合計		
	小計(1)〜(3)	小計(4)〜(5)
	合計E(1)〜(5)	

合計Eに対する構成比率					
	(1)	(2)	(3)	(4)	(5)
	(1)〜(3)			(4)〜(5)	

（注意）構成比率はパーセントの小数第２位未満４捨５入

No.	(6)	(7)	(8)	(9)	(10)
1	€ 7.25	€ 64,802.79	€ 39.24	€ 8,321.70	€ 158.42
2	5,086.87	326.54	84.53	75.23	9,030.51
3	970.41	510.98	−20.34	1,957.64	526.80
4	49.60	8,942.85	−18.09	24,486.27	983.17
5	8.19	20,693.12	83.65	94.68	−3,714.32
6	1,792.34	761.40	99.78	512.09	607.74
7	24.56	13,035.97	−57.10	65.31	8,291.63
8	406.73	9,184.63	16.47	41.02	−348.95
9	3.02	75,537.08	95.01	803.96	−2,197.36
10	5.98	478.21	62.37	36,167.40	−465.09
11	61.10		74.90	18.59	706.28
12	38.52		−41.72	30.82	5,679.40
13			−35.61	5,049.15	812.54
14			28.26	93.87	
15			60.85		
計					

答えの小計・合計	小計(6)～(8)	小計(9)～(10)
	合計Ｆ(6)～(10)	

合計Ｆに対する構成比率	(6)	(7)	(8)	(9)	(10)
	(6)～(8)			(9)～(10)	

試験場校名	
受験番号	

	そろばん
	電　卓

(C) 見取算得点

総　得　点

第3級　ビジネス計算部門（制限時間30分）

（注意）答えに端数が生じた場合は（　）内の条件によって処理すること。

(1) £29.85は円でいくらか。ただし，£1=¥180とする。

答 ＿＿＿＿＿＿＿＿

(2) 701kgは何ポンドか。ただし，1lb=0.4536kgとする。（ポンド未満4捨5入）

答 ＿＿＿＿＿＿＿＿

(3) ¥810,000の68%はいくらか。

答 ＿＿＿＿＿＿＿＿

(4) 元金¥430,000を年利率1.4%で9か月間借りると，期日に支払う利息はいくらか。

答 ＿＿＿＿＿＿＿＿

(5) 1ダースにつき¥3,500の商品を230ダース仕入れ，仕入諸掛¥37,100を支払った。
諸掛込原価はいくらか。

答 ＿＿＿＿＿＿＿＿

(6) ある金額の28%増しが¥908,800であった。ある金額はいくらか。

答 ＿＿＿＿＿＿＿＿

(7) 原価¥640,000の商品を販売したところ，損失額が¥102,400となった。損失額は原価の何パーセントか。

答 ＿＿＿＿＿＿＿＿

(8) ¥950,000を年利率2.5%で46日間貸すと，期日に受け取る元利合計はいくらか。
（円未満切り捨て）

答 ＿＿＿＿＿＿＿＿

(9) 1箱につき¥1,200の商品を仕入れ，代価¥540,000を支払った。仕入数量は何箱か。

答 ＿＿＿＿＿＿＿＿

(10) €16.50は円でいくらか。ただし，€1=¥153とする。（円未満4捨5入）

答 ＿＿＿＿＿＿＿＿

(11) ¥307,200は¥960,000の何割何分か。

答 ＿＿＿＿＿＿＿＿

(12) 元金¥780,000を年利率0.8%で62日間貸し付けると，期日に受け取る利息はいくらか。(円未満切り捨て)

答 ＿＿＿＿＿＿＿＿

(13) 325Lは何米ガロンか。ただし，1米ガロン＝3.785Lとする。(米ガロン未満4捨5入)

答 ＿＿＿＿＿＿＿＿

(14) 予定売価(定価)¥490,000の商品を，予定売価(定価)の7掛で販売した。実売価はいくらか。

答 ＿＿＿＿＿＿＿＿

(15) あるイベント会場の先月の入場者数は270,000人で，今月の入場者数は先月より19%減少していた。今月の入場者数は何人か。

答 ＿＿＿＿＿＿＿＿

(16) 990ydは何メートルか。ただし，1yd＝0.9144mとする。(メートル未満4捨5入)

答 ＿＿＿＿＿＿＿＿

(17) 予定売価(定価)の21%引きで販売したところ，実売価が¥426,600になった。この商品の予定売価(定価)はいくらか。

答 ＿＿＿＿＿＿＿＿

(18) ¥670,000を年利率3.6%で5月2日から7月31日まで借り入れると，期日に支払う元利合計はいくらか。(片落とし，円未満切り捨て)

答 ＿＿＿＿＿＿＿＿

(19) ¥5,062は何ドル何セントか。ただし，$1＝¥141とする。(セント未満4捨5入)

答 ＿＿＿＿＿＿＿＿

(20) 10個につき¥8,200の商品を550個仕入れ，仕入原価の17%の利益をみて全部販売した。利益の総額はいくらか。

答 ＿＿＿＿＿＿＿＿

試験場校名	
受験番号	

正答数	得点
(×5)	

〈参考〉電卓の使い方

電卓には，さまざまな種類がある。本書で扱ったC型（下図左）と，もう一つの代表的な電卓であるS型（下図右）とを対比する形で説明する。

C型の電卓

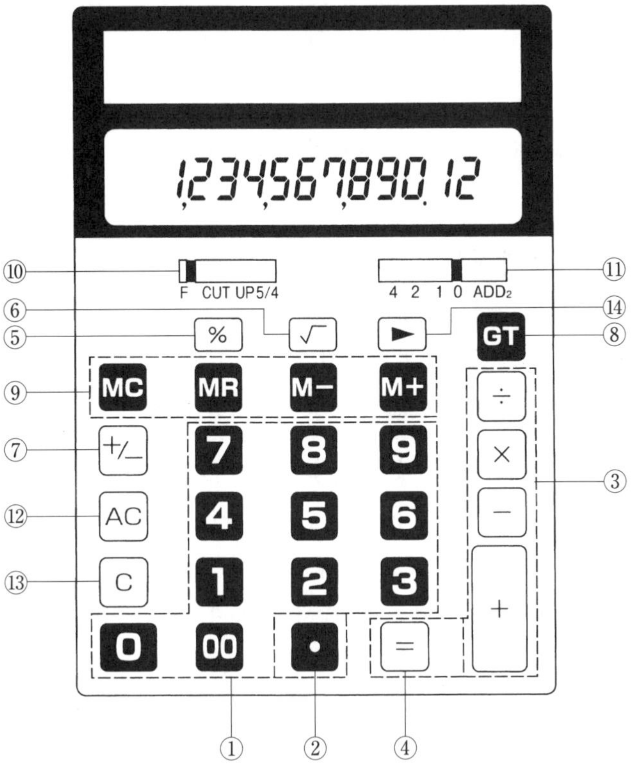

S型の電卓

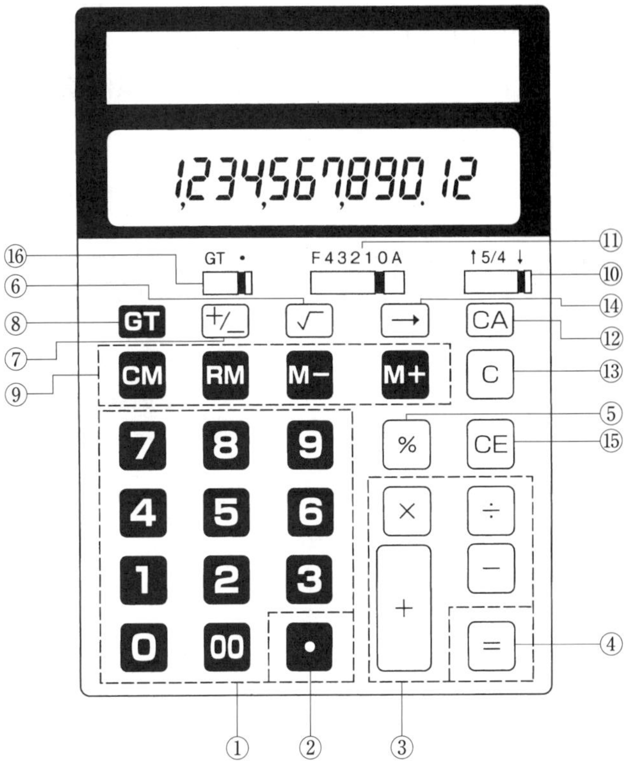

名　称	キ　ー	機　能
① 数字キー	[1] ～ [9] [0] ～ [00]	[1] ～ [9] は1から9までの数を入力する。 [0] は0を入力し，[00] は0を２つ入力する。
② 小数点キー	[•]	小数点を入力する。
③ 計算命令キー （四則演算キー）	[+][−] [×][÷]	[+] で加算，[−] で減算，[×] で乗算，[÷] で除算をおこなう。
④ イコールキー	[=]	四則計算の答を表示する（計算結果はGTメモリーに記憶される）。
⑤ パーセントキー	[%]	百分率を求める。
⑥ ルートキー	[√]	開平をおこなう（平方根をひらく）。
⑦ サインチェンジキー	[+/−]	正の数を負の数に，負の数を正の数に切り換える。
⑧ GTメモリーキー	[GT]	グランドトータルメモリー（GTメモリー）に記憶している数値の合計を表示する。 S型機種では [GT] を２回つづけて押すとGTメモリーはクリアされる。

名　称		キー	機　能
⑨独立メモリーキー	メモリープラスキー	M+	独立メモリーに数値を加算する（イコールキーの機能もはたらく）。
	メモリーマイナスキー	M−	独立メモリーから数値を減算する（イコールキーの機能もはたらく）。
	メモリーリコールキー	MR RM（S型機種）	独立メモリーに記憶している数値を表示する。
	メモリークリアキー	MC CM（S型機種）	独立メモリーに記憶している数値をクリアする。
⑩ ラウンドセレクター（ラウンドスイッチまたは端数処理スイッチ）		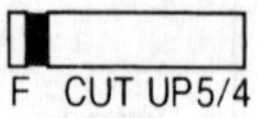  （S型機種）	端数処理の条件を指定する。 F：答の小数部分を処理せずそのまま表示 CUT：切り捨て　UP：切り上げ　5/4：4捨5入 S型機種では↓が切り捨て，↑が切り上げとなる。
⑪ 小数点セレクター（TABスイッチ）		  （S型機種）	答の小数点以下の桁数を指定する（ラウンドセレクターで指定した小数位の下1桁が処理される）。 ADD_2：ドル・ユーロの加減算に便利なアドモード。加減算をおこなうとき，・キーを押さなくても置数の下2桁目に小数点を自動表示する（ラウンドセレクターはF以外に指定する必要がある）。 S型機種ではAと表示してあるところがアドモード。
⑫ オールクリアキー		AC CA（S型機種）	独立メモリーに記憶している数値を除き，すべてをクリアする。 S型機種では独立メモリーもすべてクリアする。 C型機種では電源オン機能をもつ。
⑬ クリアキー		C	表示している数値および答をクリアする（ただし，GTメモリーと独立メモリーはそのまま）。 C型機種では置数の訂正に使用するが，S型機種での訂正は CE キーを使用する。 S型機種では電源オン機能をもつ。
⑭ 桁下げキー		▶ →（S型機種）	表示されている数値の最小桁の数字を1つ消す。
⑮ 置数訂正キー		CE （S型機種のみ）	表示している数値のみクリアする。
⑯ GTスイッチ		（S型機種のみ）	GTメモリーを使うときに指定する。

令和６年度版

全国商業高等学校協会主催

ビジネス計算実務検定模擬試験問題集

３級　解答編

○配点は以下のとおりです。各ページにも配点を示しました。

<table>
<tr><th colspan="2" rowspan="2">受験種別／受験問題</th><th>珠算</th><th colspan="3">電　卓</th><th rowspan="2">合格点</th></tr>
<tr><th>(1)～(10)</th><th>(1)～(10)</th><th>小計・合計</th><th>構成比率</th></tr>
<tr><td rowspan="6">普通計算部門（300点満点）</td><td rowspan="2">(A) 乗算問題</td><td>10点×10</td><td>5点×10</td><td>5点×4</td><td>5点×6</td><td rowspan="6">(A)～(C)
計210点</td></tr>
<tr><td>100点</td><td colspan="3">100点</td></tr>
<tr><td rowspan="2">(B) 除算問題</td><td>10点×10</td><td>5点×10</td><td>5点×4</td><td>5点×6</td></tr>
<tr><td>100点</td><td colspan="3">100点</td></tr>
<tr><td rowspan="2">(C) 見取算問題</td><td>10点×10</td><td>5点×10</td><td>5点×4</td><td>5点×6</td></tr>
<tr><td>100点</td><td colspan="3">100点</td></tr>
<tr><td colspan="2">ビジネス計算部門
(100点満点)</td><td colspan="4">(1)～(20)　5点×20＝100点</td><td>70点</td></tr>
</table>

実教出版

見取算

練習問題1（p.5）

計	(1) ¥3,111	(2) ¥841	(3) ¥2,959	(4) ¥412	(5) ¥2,502
答えの小計合計	小計(1)～(3) ¥6,911			小計(4)～(5) ¥2,914	
	合計E(1)～(5) ¥9,825				
合計Eに対する構成比率	(1) 31.66%	(2) 8.56%	(3) 30.12%	(4) 4.19%	(5) 25.47%
	(1)～(3) 70.34%			(4)～(5) 29.66%	

練習問題2（p.5）

計	(1) ¥26,805	(2) ¥−6,483	(3) ¥21,205	(4) ¥18,962	(5) ¥26,076
答えの小計合計	小計(1)～(3) ¥41,527			小計(4)～(5) ¥45,038	
	合計E(1)～(5) ¥86,565				
合計Eに対する構成比率	(1) 30.97%	(2) −7.49%	(3) 24.50%(24.5%)	(4) 21.90%(21.9%)	(5) 30.12%
	(1)～(3) 47.97%			(4)～(5) 52.03%	

計	(6) €240.27	(7) €341.95	(8) €200.70	(9) €239.90	(10) €225.52
答えの小計合計	小計(6)～(8) €782.92			小計(9)～(10) €465.42	
	合計F(6)～(10) €1,248.34				
合計Fに対する構成比率	(6) 19.25%	(7) 27.39%	(8) 16.08%	(9) 19.22%	(10) 18.07%
	(6)～(8) 62.72%			(9)～(10) 37.28%	

乗算

練習問題（p.6）

(1)	¥41,326,480
(2)	¥2,457
(3)	¥607,750
(4)	¥1,989,781
(5)	¥882,284

答えの小計・合計	合計Aに対する構成比率		
小計(1)～(3) ¥41,936,687	(1)	92.23%	(1)～(3) 93.59%
	(2)	0.01%	
	(3)	1.36%	
小計(4)～(5) ¥2,872,065	(4)	4.44%	(4)～(5) 6.41%
	(5)	1.97%	
合計A(1)～(5) ¥44,808,752			

除算

練習問題（p.7）

(1)	$91.65
(2)	$3.49
(3)	$8.90
(4)	$7.51
(5)	$62.46

答えの小計・合計	合計Cに対する構成比率		
小計(1)～(3) $104.04	(1)	52.67%	(1)～(3) 59.79%
	(2)	2.01%	
	(3)	5.11%	
小計(4)～(5) $69.97	(4)	4.32%	(4)～(5) 40.21%
	(5)	35.89%	
合計C(1)～(5) $174.01			

1．度量衡と外国貨幣の換算

1．度量衡の換算（p.9）

(1) $0.9144\text{m}\times\frac{270\text{yd}}{1\text{yd}}=247\text{m}$

〈キー操作〉 ラウンドセレクターを5/4，小数点セレクターを0にセット

[・] 9144 [×] 270 [=]

(2) $1\text{yd}\times\frac{300\text{m}}{0.9144\text{m}}=328\text{yd}$

〈キー操作〉 ラウンドセレクターを5/4，小数点セレクターを0にセット

300 [÷] [・] 9144 [=]

(3) $0.3048\text{m}\times\frac{480\text{ft}}{1\text{ft}}=146\text{m}$

〈キー操作〉 ラウンドセレクターを5/4，小数点セレクターを0にセット

[・] 3048 [×] 480 [=]

(4) $1\text{ft}\times\frac{530\text{m}}{0.3048\text{m}}=1{,}739\text{ft}$

〈キー操作〉 ラウンドセレクターを5/4，小数点セレクターを0にセット

530 [÷] [・] 3048 [=]

(5) $1{,}016\text{kg}\times\frac{65\text{英トン}}{1\text{英トン}}=66{,}040\text{kg}$

〈キー操作〉

1,016 [×] 65 [=]

(6) $1\text{米トン}\times\frac{9{,}800\text{kg}}{907.2\text{kg}}=11\text{米トン}$

〈キー操作〉 ラウンドセレクターを5/4，小数点セレクターを0にセット

9,800 [÷] 907.2 [=]

(7) $4.546\text{L}\times\frac{500\text{英ガロン}}{1\text{英ガロン}}=2{,}273\text{L}$

〈キー操作〉

4.546 [×] 500 [=]

(8) $1\text{米ガロン}\times\frac{870\text{L}}{3.785\text{L}}=230\text{米ガロン}$

〈キー操作〉 ラウンドセレクターを5/4，小数点セレクターを0にセット

870 [÷] 3.785 [=]

(9) $0.4536\text{kg}\times\frac{290\text{lb}}{1\text{lb}}=132\text{kg}$

〈キー操作〉 ラウンドセレクターを5/4，小数点セレクターを0にセット

[・] 4536 [×] 290 [=]

(10) $1\text{lb}\times\frac{320\text{kg}}{0.4536\text{kg}}=705\text{lb}$

〈キー操作〉 ラウンドセレクターを5/4，小数点セレクターを0にセット

320 [÷] [・] 4536 [=]

2．外国貨幣の換算（p.11）

(1) $¥115\times\frac{\$81.40}{\$1}=¥9{,}361$

〈キー操作〉

115 [×] 81.4 [=]

(2) $\$1\times\frac{¥6{,}500}{¥107}=\$60.75$

〈キー操作〉 ラウンドセレクターを5/4，小数点セレクターを2にセット

6,500 [÷] 107 [=]

(3) $¥120\times\frac{€49.80}{€1}=¥5{,}976$

〈キー操作〉

120 [×] 49.8 [=]

(4) $€1\times\frac{¥5{,}400}{¥134}=€40.30$

〈キー操作〉 ラウンドセレクターを5/4，小数点セレクターを2にセット

5,400 [÷] 134 [=]

(5) $¥160\times\frac{£37.20}{£1}=¥5{,}952$

〈キー操作〉

160 [×] 37.2 [=]

(6) $£1\times\frac{¥9{,}600}{¥149}=£64.43$

〈キー操作〉 ラウンドセレクターを5/4，小数点セレクターを2にセット

9,600 [÷] 149 [=]

2．割合に関する計算

1．割合の表し方と計算（p.11）

(1) ¥7,000÷¥28,000＝0.25　　25％

〈キー操作〉 7,000 [÷] 28,000 [%]

(2) ¥21,000÷¥35,000＝0.6　　6割

〈キー操作〉 21,000 [÷] 35,000 [=]

2．比較量と基準量の計算（p.12）

(3) ¥620,000×0.08＝¥49,600

〈キー操作〉 620,000 [×] [・] 08 [=]

(4) ¥21,000÷0.25＝¥84,000

〈キー操作〉 21,000 [÷] [・] 25 [=]

3．割増しの計算（p.12）

(5) ¥540,000×(1＋0.35)＝¥729,000

〈キー操作〉 540,000 [×] 1.35 [=]

(6) ¥582,400÷(1＋0.12)＝¥520,000

〈キー操作〉 582,400 [÷] 1.12 [=]

(7) ¥253,000÷¥220,000−1＝0.15　　15％（増加）

または，

¥253,000−¥220,000＝¥33,000

¥33,000÷¥220,000＝0.15　　15％（増加）

〈キー操作〉 253,000 [÷] 220,000 [−] 1 [%]

または，

253,000 [−] 220,000 [÷] 220,000 [%]

4．割引きの計算（p.13）

(8) ¥85,000×(1−0.25)＝¥63,750

〈キー操作〉 1 [−] [・] 25 [×] 85,000 [=]

(9) ¥340,000÷(1−0.15)＝¥400,000

〈キー操作〉 1 [−] [・] 15 [M+] 340,000 [÷] [MR] [=]

(10) 1−¥63,000÷¥90,000＝0.3　　30％（引き）

または，

¥90,000−¥63,000＝¥27,000

¥27,000÷¥90,000＝0.3　　30％（引き）

〈キー操作〉 63,000 [÷] 90,000 [−] 1 [%] [+/−]

または，

90,000 [M+] [−] 63,000 [÷] [MR] [%]

3．売買・損益の計算

1．商品の数量と代価の計算（p.14）

(1) $¥5{,}000\times\frac{600\text{kg}}{30\text{kg}}=¥100{,}000$

〈キー操作〉 5,000 [×] 600 [÷] 30 [=]

(2) $100\text{lb}\times\frac{¥102{,}600}{¥1{,}900}=5{,}400\text{lb}$

〈キー操作〉 100 [×] 102,600 [÷] 1,900 [=]

2．仕入原価（p.15）

(3) ¥3,800 × $\frac{50ダース}{1ダース}$ + ¥9,000 = ¥199,000

〈キー操作〉 3,800 × 50 + 9,000 =

(4) ¥260 × $\frac{740\text{yd}}{/\text{yd}}$ × 0.29 = ¥55,796

〈キー操作〉 260 × 740 ×・ 29 =

(5) (¥456,700 + ¥33,300) × (1 + 0.23) = ¥602,700

〈キー操作〉 456,700 + 33,300 × 1.23 =

3．値入れと予定売価（p.16）

(6) ¥750,000 × 0.35 = ¥262,500

〈キー操作〉 750,000 ×・ 35 =

(7) ¥670,000 × (1 + 0.2) = ¥804,000

〈キー操作〉 670,000 × 1.2 =

(8) ¥700,000 ÷ (1 + 0.4) = ¥500,000

〈キー操作〉 700,000 ÷ 1.4 =

(9) ¥120,000 ÷ ¥500,000 = 0.24　　24%

〈キー操作〉 120,000 ÷ 500,000 %

4．値引きと実売価（p.17）

(10) ¥900,000 × 0.16 = ¥144,000

〈キー操作〉 900,000 ×・ 16 =

(11) ¥760,000 × (1 − 0.2) = ¥608,000

〈キー操作〉 1 −・ 2 × 760,000 =

(12) ¥273,600 ÷ (1 − 0.24) = ¥360,000

〈キー操作〉 1 −・ 24 M+ 273,600 ÷ MR =

(13) ¥102,000 ÷ ¥600,000 = 0.17　　17%

〈キー操作〉 102,000 ÷ 600,000 %

4．単利の計算

1．日数計算（p.18）

(1)〜(4) 省略

2．単利の計算（p.18〜20）

(5) ¥650,000 × 0.039 × $\frac{8}{12}$ = ¥16,900

〈キー操作〉 650,000 ×・ 039 × 8 ÷ 12 =

(6) ¥760,000 × 0.045 × $\frac{17}{12}$ = ¥48,450

〈キー操作〉 760,000 ×・ 045 × 17 ÷ 12 =

(7) ¥340,000 × 0.024 × $\frac{15}{12}$ = ¥10,200

〈キー操作〉 340,000 ×・ 024 × 15 ÷ 12 =

(8) ¥810,000 × 0.053 × $\frac{19}{12}$ = ¥67,972

〈キー操作〉 ラウンドセレクターをCUT，小数点セレクターを0にセット
810,000 ×・ 053 × 19 ÷ 12 =

(9) ¥610,000 × 0.034 × $\frac{146}{365}$ = ¥8,296

〈キー操作〉 610,000 ×・ 034 × 146 ÷ 365 =

(10) ¥210,000 × 0.052 × $\frac{67}{365}$ = ¥2,004

〈キー操作〉 ラウンドセレクターをCUT，小数点セレクターを0にセット
210,000 ×・ 052 × 67 ÷ 365 =

(11) 9/11〜11/5…55日（片落とし）

¥940,000 × 0.046 × $\frac{55}{365}$ = ¥6,515

〈キー操作〉 ラウンドセレクターをCUT，小数点セレクターを0にセット
940,000 ×・ 046 × 55 ÷ 365 =

(12) 5/29〜9/7…101日（片落とし）

¥470,000 × 0.028 × $\frac{101}{365}$ = ¥3,641

〈キー操作〉 ラウンドセレクターをCUT，小数点セレクターを0にセット
470,000 ×・ 028 × 101 ÷ 365 =

(13) ¥240,000 × 0.036 × $\frac{11}{12}$ = ¥7,920

¥240,000 + ¥7,920 = ¥247,920

〈キー操作〉
240,000 ×・ 036 × 11 ÷ 12 + 240,000 =
または
240,000 M+ ×・ 036 × 11 ÷ 12 M+ MR

(14) ¥370,000 × 0.054 × $\frac{96}{365}$ = ¥5,255

¥370,000 + ¥5,255 = ¥375,255

〈キー操作〉 ラウンドセレクターをCUT，小数点セレクターを0にセット
370,000 ×・ 054 × 96 ÷ 365 + 370,000 =
または
370,000 M+ ×・ 054 × 96 ÷ 365 M+ MR

(15) 1/26〜4/20…85日（うるう年，片落とし）

¥800,000 × 0.049 × $\frac{85}{365}$ = ¥9,128

¥800,000 + ¥9,128 = ¥809,128

〈キー操作〉 ラウンドセレクターをCUT，小数点セレクターを0にセット
800,000 ×・ 049 × 85 ÷ 365 + 800,000 =
または，
800,000 M+ ×・ 049 × 85 ÷ 365 M+ MR

第3級　第1回　普通計算部門

(A) 乗算問題

□ 珠算・電卓採点箇所　　● 電卓のみ採点箇所

1	¥240,588	¥753,049	2.21%	● 6.92%
2	¥512,070		● 4.71%	
3	¥391		0.00%(0%)	
4	¥8,361,402	● ¥10,122,050	● 76.89%	93.08%
5	¥1,760,648		16.19%	
		● ¥10,875,099		

6	$13,369.73	● $16,760.21	● 2.70%(2.7%)	3.39%
7	$2,687.04		0.54%	
8	$703.44		0.14%	
9	$0.13	$477,946.06	0.00%(0%)	● 96.61%
10	$477,945.93		● 96.61%	
		● $494,706.27		

珠算各10点，100点満点　　電卓各5点，100点満点

(B) 除算問題

1	¥76	● ¥1,953	1.26%	32.37%
2	¥1,830		● 30.33%	
3	¥47		0.78%	
4	¥929	¥4,081	15.40%(15.4%)	● 67.63%
5	¥3,152		● 52.24%	
		● ¥6,034		

6	€8.93	€33.76	● 21.83%	● 82.52%
7	€4.08		9.97%	
8	€20.75		50.72%	
9	€6.64	● €7.15	● 16.23%	17.48%
10	€0.51		1.25%	
		● €40.91		

珠算各10点，100点満点　　電卓各5点，100点満点

(C) 見取算問題

No.	1	2	3	4	5
計	¥36,287	¥11,117	¥9,084,867	¥1,973,874	¥746,134
小計	¥9,132,271			● ¥2,720,008	
合計	● ¥11,852,279				
答え比率	0.31%	0.09%	● 76.65%	16.65%	● 6.30%(6.3%)
小計比率	● 77.05%			22.95%	

No.	6	7	8	9	10
計	£9,995.15	£391.43	£29,591.61	£84,619.77	£4,036.10
小計	● £39,978.19			£88,655.87	
合計	● £128,634.06				
答え比率	● 7.77%	0.30%(0.3%)	23.00%(23%)	65.78%	● 3.14%
小計比率	31.08%			● 68.92%	

珠算各10点，100点満点　　電卓各5点，100点満点

第３級　第１回　ビジネス計算部門

［5点×20］

解	答	欄	
(1)	¥1,005	(11)	¥746,475
(2)	¥620,000	(12)	¥218,300
(3)	214L	(13)	¥599,700
(4)	¥960,000	(14)	388lb
(5)	833ft	(15)	¥12,113
(6)	460袋	(16)	318,200人
(7)	¥10,312	(17)	¥740,000
(8)	¥871,315	(18)	¥5,364
(9)	9割4分	(19)	£49.74
(10)	¥63,365	(20)	34%

(1) ¥380,000×0.014×$\frac{69}{365}$=¥1,005

〈キー操作〉 ラウンドセレクターをCUT，小数点セレクターを0にセット

380,000 [×][・] 014 [×] 69 [÷] 365 [=]

(2) ¥558,000÷0.9=¥620,000

〈キー操作〉 558,000 [÷][・] 9 [=]

(3) 4.546L×$\frac{47英ガロン}{1英ガロン}$=214L

〈キー操作〉 ラウンドセレクターを5/4，小数点セレクターを0にセット

4.546 [×] 47 [=]

(4) ¥700,800÷0.73=¥960,000

〈キー操作〉 700,800 [÷][・] 73 [=]

(5) 1ft×$\frac{254m}{0.3048m}$=833ft

〈キー操作〉 ラウンドセレクターを5/4，小数点セレクターを0にセット

254 [÷][・] 3048 [=]

(6) 1袋×$\frac{¥446,200}{¥970}$=460袋

〈キー操作〉 446,200 [÷] 970 [=]

(7) ¥157×$\frac{€65.68}{€1}$=¥10,312

〈キー操作〉 ラウンドセレクターを5/4，小数点セレクターを0にセット

157 [×] 65.68 [=]

(8) ¥870,000×0.006×$\frac{92}{365}$=¥1,315（利息）

¥870,000+¥1,315=¥871,315

〈キー操作〉 ラウンドセレクターをCUT，小数点セレクターを0にセット

870,000 [M+][×][・] 006 [×] 92 [÷] 365 [M+][MR]

(9) ¥733,200÷¥780,000=0.94　　9割4分

〈キー操作〉 733,200 [÷] 780,000 [=]

(10) ¥2,900×$\frac{950kg}{10kg}$×0.23=¥63,365

〈キー操作〉 2,900 [×] 950 [÷] 10 [×][・] 23 [=]

(11) ¥740,000×0.021×$\frac{5}{12}$=¥6,475（利息）

¥740,000+¥6,475=¥746,475

〈キー操作〉 740,000 [M+][×][・] 021 [×] 5 [÷] 12 [M+][MR]

(12) ¥590,000×0.37=¥218,300

〈キー操作〉 590,000 [×][・] 37 [=]

(13) ¥3,570×$\frac{160個}{1個}$+¥28,500=¥599,700

〈キー操作〉 3,570 [×] 160 [+] 28,500 [=]

(14) 1lb×$\frac{176kg}{0.4536kg}$=388lb

〈キー操作〉 ラウンドセレクターを5/4，小数点セレクターを0にセット

176 [÷][・] 4536 [=]

(15) ¥147×$\frac{\$82.40}{\$1}$=¥12,113

〈キー操作〉 ラウンドセレクターを5/4，小数点セレクターを0にセット

147 [×] 82.4 [=]

(16) 430,000人×(1−0.26)=318,200人

〈キー操作〉 1 [−][・] 26 [×] 430,000 [=]

(17) ¥858,400÷(1+0.16)=¥740,000

〈キー操作〉 858,400 [÷] 1.16 [=]

(18) 7/3～9/15（片落とし）…74日

¥630,000×0.042×$\frac{74}{365}$=¥5,364

〈キー操作〉 ラウンドセレクターをCUT，小数点セレクターを0にセット

630,000 [×][・] 042 [×] 74 [÷] 365 [=]

(19) £1×$\frac{¥9,052}{¥182}$=£49.74

〈キー操作〉 ラウンドセレクターを5/4，小数点セレクターを2にセット

9,052 [÷] 182 [=]

(20) ¥61,200÷¥180,000=0.34　　34%

〈キー操作〉 61,200 [÷] 180,000 [%]

第3級　第2回　普通計算部門

(A) 乗算問題

□ 珠算・電卓採点箇所　● 電卓のみ採点箇所

1	¥258,536	● ¥339,989	● 4.23%	5.57%
2	¥13,080		0.21%	
3	¥68,373		1.12%	
4	¥5,749,785	¥5,766,753	94.15%	● 94.43%
5	¥16,968		● 0.28%	
		● ¥6,106,742		

6	€458,614.17	€459,897.15	35.25%	● 35.35%
7	€1,189.65		0.09%	
8	€93.33		● 0.01%	
9	€841,122.80	● €841,125.25	● 64.65%	64.65%
10	€2.45		0.00%(0%)	
		● €1,301,022.40		

珠算各10点，100点満点　電卓各5点，100点満点

(B) 除算問題

1	¥150	¥3,551	1.28%	● 30.37%
2	¥29		0.25%	
3	¥3,372		● 28.84%	
4	¥94	● ¥8,140	● 0.80%(0.8%)	69.63%
5	¥8,046		68.82%	
		● ¥11,691		

6	£7.65	● £62.10	10.68%	86.68%
7	£6.27		● 8.75%	
8	£48.18		67.25%	
9	£0.51	£9.54	0.71%	● 13.32%
10	£9.03		● 12.60%(12.6%)	
		● £71.64		

珠算各10点，100点満点　電卓各5点，100点満点

(C) 見取算問題

No.	1	2	3	4	5
計	¥31,750	¥5,989,837	¥932,884	¥4,233	¥879,952
小計	¥6,954,471			● ¥884,185	
合計	● ¥7,838,656				
答え比率	0.41%	● 76.41%	11.90%(11.9%)	● 0.05%	11.23%
小計比率	● 88.72%			11.28%	

No.	6	7	8	9	10
計	$2,121.33	$59,182.95	$7,064.83	$19,362.83	$60,419.61
小計	● $68,369.11			$79,782.44	
合計	● $148,151.55				
答え比率	1.43%	39.95%	● 4.77%	13.07%	● 40.78%
小計比率	46.15%			● 53.85%	

珠算各10点，100点満点　電卓各5点，100点満点

第3級　第2回　ビジネス計算部門

［5点×20］

解答欄			
(1)	¥466,200	(11)	¥7,088
(2)	€35.23	(12)	560m
(3)	¥275,520	(13)	¥13,845
(4)	¥6,278	(14)	88kg
(5)	¥10,091	(15)	95,160人
(6)	56英ガロン	(16)	¥280,000
(7)	32%	(17)	646yd
(8)	¥860,640	(18)	¥986,572
(9)	9割2分	(19)	¥750,000
(10)	¥433,400	(20)	¥871,004

(1) ¥630,000×0.74=¥466,200

〈キー操作〉 630,000 [×] [・] 74 [=]

(2) $€1\times\frac{¥5,144}{¥146}$=€35.23

〈キー操作〉 ラウンドセレクターを5/4，小数点セレクターを2にセット

5,144 [÷] 146 [=]

(3) ¥328,000×(1−0.16)=¥275,520

〈キー操作〉 1 [−] [・] 16 [×] 328,000 [=]

(4) $¥940,000\times0.023\times\frac{106}{365}$=¥6,278

〈キー操作〉 ラウンドセレクターをCUT，小数点セレクターを0にセット

940,000 [×] [・] 023 [×] 106 [÷] 365 [=]

(5) $¥139\times\frac{\$72.60}{\$1}$=¥10,091

〈キー操作〉 ラウンドセレクターを5/4，小数点セレクターを0にセット

139 [×] 72.6 [=]

(6) $1\text{英ガロン}\times\frac{254\text{L}}{4.546\text{L}}$=56英ガロン

〈キー操作〉 ラウンドセレクターを5/4，小数点セレクターを0にセット

254 [÷] 4.546 [=]

(7) ¥57,600÷¥180,000=0.32　32%

〈キー操作〉 57,600 [÷] 180,000 [%]

(8) $¥860,000\times0.004\times\frac{68}{365}$=¥640（利息）

¥860,000+¥640=¥860,640

〈キー操作〉 ラウンドセレクターをCUT，小数点セレクターを0にセット

860,000 [M+] [×] [・] 004 [×] 68 [÷] 365 [M+] [MR]

(9) ¥533,600÷¥580,000=0.92　9割2分

〈キー操作〉 533,600 [÷] 580,000 [=]

(10) $¥430\times\frac{960\text{本}}{1\text{本}}$+¥20,600=¥433,400

〈キー操作〉 430 [×] 960 [+] 20,600 [=]

(11) $¥168\times\frac{£42.19}{£1}$=¥7,088

〈キー操作〉 ラウンドセレクターを5/4，小数点セレクターを0にセット

168 [×] 42.19 [=]

(12) $1\text{m}\times\frac{¥347,200}{¥620}$=560m

〈キー操作〉 347,200 [÷] 620 [=]

(13) $¥710,000\times0.026\times\frac{9}{12}$=¥13,845

〈キー操作〉 710,000 [×] [・] 026 [×] 9 [÷] 12 [=]

(14) $0.4536\text{kg}\times\frac{193\text{lb}}{1\text{lb}}$=88kg

〈キー操作〉 ラウンドセレクターを5/4，小数点セレクターを0にセット

[・] 4536 [×] 193 [=]

(15) 61,000人×(1+0.56)=95,160人

〈キー操作〉 61,000 [×] 1.56 [=]

(16) ¥224,000÷0.8=¥280,000

〈キー操作〉 224,000 [÷] [・] 8 [=]

(17) $1\text{yd}\times\frac{591\text{m}}{0.9144\text{m}}$=646yd

〈キー操作〉 ラウンドセレクターを5/4，小数点セレクターを0にセット

591 [÷] [・] 9144 [=]

(18) 10/30〜12/17（片落とし）…48日

$¥980,000\times0.051\times\frac{48}{365}$=¥6,572（利息）

¥980,000+¥6,572=¥986,572

〈キー操作〉 ラウンドセレクターをCUT，小数点セレクターを0にセット

980,000 [M+] [×] [・] 051 [×] 48 [÷] 365 [M+] [MR]

(19) ¥487,500÷(1−0.35)=¥750,000

〈キー操作〉 1 [−] [・] 35 [M+] 487,500 [÷] [MR] [=]

(20) $¥8,200\times\frac{940\text{個}}{10\text{個}}\times(1+0.13)$=¥871,004

〈キー操作〉 8,200 [×] 940 [÷] 10 [×] 1.13 [=]

第3級　第3回　普通計算部門

(A) 乗算問題

□ 珠算・電卓採点箇所　　● 電卓のみ採点箇所

No.	答え	小計	答え比率	小計比率
1	¥74,664	● ¥640,198	1.35%	11.54%
2	¥16,774		0.30%(0.3%)	
3	¥548,760		● 9.89%	
4	¥28,116	¥4,908,440	● 0.51%	● 88.46%
5	¥4,880,324		87.96%	
合計		● ¥5,548,638		

No.	答え	小計	答え比率	小計比率
6	£453.75	£34,029.78	● 0.51%	● 38.51%
7	£33,390.84		37.79%	
8	£185.19		0.21%	
9	£0.06	● £54,335.25	0.00%(0%)	61.49%
10	£54,335.19		● 61.49%	
合計		● £88,365.03		

珠算各10点，100点満点　　電卓各5点，100点満点

(B) 除算問題

No.	答え	小計	答え比率	小計比率
1	¥950	¥1,809	● 15.61%	● 29.73%
2	¥68		1.12%	
3	¥791		13.00%(13%)	
4	¥32	● ¥4,275	0.53%	70.27%
5	¥4,243		● 69.74%	
合計		● ¥6,084		

No.	答え	小計	答え比率	小計比率
6	$1.84	● $58.18	1.89%	59.91%
7	$0.25		0.26%	
8	$56.09		● 57.76%	
9	$8.77	$38.93	● 9.03%	● 40.09%
10	$30.16		31.06%	
合計		● $97.11		

珠算各10点，100点満点　　電卓各5点，100点満点

(C) 見取算問題

No.	1	2	3	4	5
計	¥76,395	¥9,600,395	¥564,762	¥62,274	¥853,495
小計	¥10,241,552			● ¥915,769	
合計	● ¥11,157,321				
答え比率	0.68%	86.05%	● 5.06%	0.56%	● 7.65%
小計比率	● 91.79%			8.21%	

No.	6	7	8	9	10
計	€6,558.42	€2,493.59	€188,286.63	€32,534.64	€52,176.95
小計	● €197,338.64			€84,711.59	
合計	● €282,050.23				
答え比率	2.33%	0.88%	● 66.76%	11.54%	● 18.50%(18.5%)
小計比率	69.97%			● 30.03%	

珠算各10点，100点満点　　電卓各5点，100点満点

第3級　第3回　ビジネス計算部門　［5点×20］

解答欄			
(1)	¥625,600	(11)	46,267kg
(2)	2,028ft	(12)	¥592,800
(3)	¥3,023	(13)	8%
(4)	¥789,000	(14)	¥3,150
(5)	¥1,474	(15)	£70.59
(6)	€57.80	(16)	114,000冊
(7)	470足	(17)	¥83,700
(8)	8割5分（増し）	(18)	52英ガロン
(9)	¥960,000	(19)	¥933,006
(10)	¥637,219	(20)	¥227,200

(1) ¥920,000×0.68=¥625,600

〈キー操作〉 920,000 [×][・] 68 [=]

(2) 1ft×$\frac{618\text{m}}{0.3048\text{m}}$=2,028ft

〈キー操作〉 ラウンドセレクターを5/4，小数点セレクターを0にセット
618 [÷][・] 3048 [=]

(3) ¥105×$\frac{\$28.79}{\$1}$=¥3,023

〈キー操作〉 ラウンドセレクターを5/4，小数点セレクターを0にセット
105 [×] 28.79 [=]

(4) ¥5,360×$\frac{140\text{枚}}{1\text{枚}}$+¥38,600=¥789,000

〈キー操作〉 5,360 [×] 140 [+] 38,600 [=]

(5) ¥320,000×0.029×$\frac{58}{365}$=¥1,474

〈キー操作〉 ラウンドセレクターをCUT，小数点セレクターを0にセット
320,000 [×][・] 029 [×] 58 [÷] 365 [=]

(6) €1×$\frac{\text{¥}7{,}167}{\text{¥}124}$=€57.80

〈キー操作〉 ラウンドセレクターを5/4，小数点セレクターを2にセット
7,167 [÷] 124 [=]

(7) 1足×$\frac{\text{¥}446{,}500}{\text{¥}950}$=470足

〈キー操作〉 446,500 [÷] 950 [=]

(8) ¥173,900÷¥94,000−1=0.85　　8割5分（増し）
または，(¥173,900−¥94,000)÷¥94,000=0.85

〈キー操作〉 173,900 [÷] 94,000 [−] 1 [=]
または，173,900 [−] 94,000 [÷] 94,000 [=]

(9) ¥835,200÷(1−0.13)=¥960,000

〈キー操作〉 1 [−][・] 13 [M+] 835,200 [÷][MR][=]

(10) ¥630,000×0.047×$\frac{89}{365}$=¥7,219（利息）
¥630,000+¥7,219=¥637,219

〈キー操作〉 ラウンドセレクターをCUT，小数点セレクターを0にセット
630,000 [M+][×][・] 047 [×] 89 [÷] 365 [M+][MR]

(11) 907.2kg×$\frac{51\text{米トン}}{1\text{米トン}}$=46,267kg

〈キー操作〉 ラウンドセレクターを5/4，小数点セレクターを0にセット
907.2 [×] 51 [=]

(12) ¥780,000×(1−0.24)=¥592,800

〈キー操作〉 1 [−][・] 24 [×] 780,000 [=]

(13) ¥67,200÷¥840,000=0.08　　8%

〈キー操作〉 67,200 [÷] 840,000 [%]

(14) ¥450,000×0.021×$\frac{4}{12}$=¥3,150

〈キー操作〉 450,000 [×][・] 021 [×] 4 [÷] 12 [=]

(15) £1×$\frac{\text{¥}9{,}741}{\text{¥}138}$=£70.59

〈キー操作〉 ラウンドセレクターを5/4，小数点セレクターを2にセット
9,741 [÷] 138 [=]

(16) 102,600冊÷0.9=114,000冊

〈キー操作〉 102,600 [÷][・] 9 [=]

(17) ¥310,000×0.27=¥83,700

〈キー操作〉 310,000 [×][・] 27 [=]

(18) 1英ガロン×$\frac{235\text{L}}{4.546\text{L}}$=52英ガロン

〈キー操作〉 ラウンドセレクターを5/4，小数点セレクターを0にセット
235 [÷] 4.546 [=]

(19) 5/6〜7/4（片落とし）…59日
¥930,000×0.02×$\frac{59}{365}$=¥3,006（利息）
¥930,000+¥3,006=¥933,006

〈キー操作〉 ラウンドセレクターをCUT，小数点セレクターを0にセット
930,000 [M+][×][・] 02 [×] 59 [÷] 365 [M+][MR]

(20) ¥6,400×$\frac{250\text{束}}{10\text{束}}$×(1+0.42)=¥227,200

〈キー操作〉 6,400 [×] 250 [÷] 10 [×] 1.42 [=]

第3級　第4回　普通計算部門

(A) 乗算問題

□ 珠算・電卓採点箇所　● 電卓のみ採点箇所

No.	答え	小計・合計	答え比率	小計比率
1	¥223,428	¥1,313,447	● 9.89%	● 58.15%
2	¥8,246		0.37%	
3	¥1,081,773		47.89%	
4	¥7,843	● ¥945,283	0.35%	41.85%
5	¥937,440		● 41.50%(41.5%)	
		● ¥2,258,730		

No.	答え	小計・合計	答え比率	小計比率
6	$54.34	● $38,163.74	0.01%	8.97%
7	$37,417.80		● 8.79%	
8	$691.60		0.16%	
9	$387,199.08	$387,439.04	90.98%	● 91.03%
10	$239.96		● 0.06%	
		● $425,602.78		

珠算各10点，100点満点　　電卓各5点，100点満点

(B) 除算問題

No.	答え	小計・合計	答え比率	小計比率
1	¥47	¥5,818	0.79%	● 97.60%(97.6%)
2	¥5,063		84.94%	
3	¥708		● 11.88%	
4	¥119	● ¥143	● 2.00%(2%)	2.40%(2.4%)
5	¥24		0.40%(0.4%)	
		● ¥5,961		

No.	答え	小計・合計	答え比率	小計比率
6	€4.90	● €11.73	2.60%(2.6%)	6.23%
7	€0.32		0.17%	
8	€6.51		● 3.46%	
9	€82.86	€176.61	43.99%	● 93.77%
10	€93.75		● 49.78%	
		● €188.34		

珠算各10点，100点満点

(C) 見取算問題

No.	1	2	3	4	5
計	¥81,745	¥595,794	¥7,532,995	¥978,467	¥15,516
小計	¥8,210,534			● ¥993,983	
合計	● ¥9,204,517				
答え比率	0.89%	● 6.47%	81.84%	● 10.63%	0.17%
小計比率	● 89.20%(89.2%)			10.80%(10.8%)	

No.	6	7	8	9	10
計	£385.88	£253,940.10	£12,638.80	£43,078.07	£56,345.25
小計	● £266,964.78			£99,423.32	
合計	● £366,388.10				
答え比率	0.11%	● 69.31%	3.45%	11.76%	● 15.38%
小計比率	72.86%			● 27.14%	

珠算各10点，100点満点　　電卓各5点，100点満点

第3級　第4回　ビジネス計算部門

［5点×20］

解答欄			
(1)	¥560,700	(11)	201yd
(2)	€32.36	(12)	¥7,691
(3)	95,504kg	(13)	£17.90
(4)	¥351,320	(14)	7%
(5)	¥452,100	(15)	59,000人
(6)	¥8,137	(16)	¥600,300
(7)	¥670,000	(17)	¥8,058
(8)	¥11,776	(18)	917lb
(9)	92箱	(19)	¥281,994
(10)	4割8分	(20)	¥842,860

(1) ¥890,000×0.63＝¥560,700

〈キー操作〉 890,000 [×] [・] 63 [=]

(2) €1×$\frac{\text{¥3,915}}{\text{¥121}}$＝€32.36

〈キー操作〉 ラウンドセレクターを5/4，小数点セレクターを2にセット

3,915 [÷] 121 [=]

(3) 1,016kg×$\frac{\text{94英トン}}{\text{1英トン}}$＝95,504kg

〈キー操作〉 1,016 [×] 94 [=]

(4) ¥350,000×0.017×$\frac{81}{365}$＝¥1,320（利息）

¥350,000＋¥1,320＝¥351,320

〈キー操作〉 ラウンドセレクターをCUT，小数点セレクターを0にセット

350,000 [M+] [×] [・] 017 [×] 81 [÷] 365 [M+] [MR]

(5) ¥1,430×290袋＋¥37,400＝¥452,100

〈キー操作〉 1,430 [×] 290 [+] 37,400 [=]

(6) ¥136×$\frac{\text{£59.83}}{\text{£1}}$＝¥8,137

〈キー操作〉 ラウンドセレクターを5/4，小数点セレクターを0にセット

136 [×] 59.83 [=]

(7) ¥824,100÷(1＋0.23)＝¥670,000

〈キー操作〉 824,100 [÷] 1.23 [=]

(8) ¥920,000×0.073×$\frac{64}{365}$＝¥11,776

〈キー操作〉 920,000 [×] [・] 073 [×] 64 [÷] 365 [=]

(9) 1箱×$\frac{\text{¥62,560}}{\text{¥680}}$＝92箱

〈キー操作〉 62,560 [÷] 680 [=]

(10) ¥312,000÷¥650,000＝0.48　　4割8分

〈キー操作〉 312,000 [÷] 650,000 [=]

(11) 1yd×$\frac{\text{184m}}{\text{0.9144m}}$＝201yd

〈キー操作〉 ラウンドセレクターを5/4，小数点セレクターを0にセット

184 [÷] [・] 9144 [=]

(12) ¥710,000×0.026×$\frac{5}{12}$＝¥7,691

〈キー操作〉 ラウンドセレクターをCUT，小数点セレクターを0にセット

710,000 [×] [・] 026 [×] 5 [÷] 12 [=]

(13) £1×$\frac{\text{¥2,488}}{\text{¥139}}$＝£17.90

〈キー操作〉 ラウンドセレクターを5/4，小数点セレクターを2にセット

2,488 [÷] 139 [=]

(14) ¥37,800÷¥540,000＝0.07　　7%

〈キー操作〉 37,800 [÷] 540,000 [%]

(15) 40,120人÷(1−0.32)＝59,000人

〈キー操作〉 1 [−] [・] 32 [M+] 40,120 [÷] [MR] [=]

(16) ¥690,000×(1−0.13)＝¥600,300

〈キー操作〉 1 [−] [・] 13 [×] 690,000 [=]

(17) ¥109×$\frac{\text{\$73.93}}{\text{\$1}}$＝¥8,058

〈キー操作〉 ラウンドセレクターを5/4，小数点セレクターを0にセット

109 [×] 73.93 [=]

(18) 1lb×$\frac{\text{416kg}}{\text{0.4536kg}}$＝917lb

〈キー操作〉 ラウンドセレクターを5/4，小数点セレクターを0にセット

416 [÷] [・] 4536 [=]

(19) 4/13〜6/4（片落とし）…52日

¥280,000×0.05×$\frac{52}{365}$＝¥1,994（利息）

¥280,000＋¥1,994＝¥281,994

〈キー操作〉 ラウンドセレクターをCUT，小数点セレクターを0にセット

280,000 [M+] [×] [・] 05 [×] 52 [÷] 365 [M+] [MR]

(20) ¥7,400×$\frac{\text{850個}}{\text{10個}}$×(1＋0.34)＝¥842,860

〈キー操作〉 7,400 [×] 850 [÷] 10 [×] 1.34 [=]

第3級　第5回　普通計算部門

(A) 乗算問題

▭ 珠算・電卓採点箇所　● 電卓のみ採点箇所

1	¥318,859	● ¥418,347	● 30.50%(30.5%)	40.01%
2	¥97,242		9.30%(9.3%)	
3	¥2,246		0.21%	
4	¥584,220	¥627,142	55.88%	● 59.99%
5	¥42,922		● 4.11%	
		● ¥1,045,489		

6	€26,124.40	€27,165.32	23.69%	● 24.64%
7	€435.71		0.40%(0.4%)	
8	€605.21		● 0.55%	
9	€83,075.20	● €83,090.08	● 75.35%	75.36%
10	€14.88		0.01%	
		● €110,255.40		

珠算各10点，100点満点　電卓各5点，100点満点

(B) 除算問題

1	¥47	¥468	0.56%	● 5.59%
2	¥370		4.42%	
3	¥51		● 0.61%	
4	¥6,069	● ¥7,901	● 72.52%	94.41%
5	¥1,832		21.89%	
		● ¥8,369		

6	£5.03	● £16.47	5.45%	17.85%
7	£9.16		● 9.93%	
8	£2.28		2.47%	
9	£0.84	£75.79	● 0.91%	● 82.15%
10	£74.95		81.24%	
		● £92.26		

珠算各10点，100点満点　電卓各5点，100点満点

(C) 見取算問題

No.	1	2	3	4	5
計	¥284,403	¥691,423	¥54,619	¥4,298	¥9,997,915
小計	¥1,030,445			● ¥10,002,213	
合計	● ¥11,032,658				
答え比率	2.58%	6.27%	● 0.50%(0.5%)	0.04%	● 90.62%
小計比率	● 9.34%			90.66%	

No.	6	7	8	9	10
計	$5,721.72	$8,609.44	$7,547.52	$189,338.12	$71,389.57
小計	● $21,878.68			$260,727.69	
合計	● $282,606.37				
答え比率	2.02%	3.05%	● 2.67%	67.00%(67%)	● 25.26%
小計比率	7.74%			● 92.26%	

珠算各10点，100点満点　電卓各5点，100点満点

第3級　第5回　ビジネス計算部門　[5点×20]

解答欄			
(1)	723L	(11)	¥4,285
(2)	¥672,345	(12)	225m
(3)	¥812,600	(13)	96%
(4)	¥119,600	(14)	¥2,897
(5)	€65.96	(15)	3割5分
(6)	¥411,400	(16)	$15.62
(7)	¥35,466	(17)	¥524,620
(8)	7%(増加)	(18)	¥24,300
(9)	52英トン	(19)	¥9,126
(10)	370束	(20)	¥895,000

(1) $3.785\text{L} \times \frac{191\text{米ガロン}}{1\text{米ガロン}} = 723\text{L}$

〈キー操作〉 ラウンドセレクターを5/4，小数点セレクターを0にセット
3.785 [×] 191 [=]

(2) $¥670{,}000 \times 0.018 \times \frac{71}{365} = ¥2{,}345$（利息）

$¥670{,}000 + ¥2{,}345 = ¥672{,}345$

〈キー操作〉 ラウンドセレクターをCUT，小数点セレクターを0にセット
670,000 [M+][×][・] 018 [×] 71 [÷] 365 [M+][MR]

(3) $¥4{,}820 \times \frac{160\text{袋}}{1\text{袋}} + ¥41{,}400 = ¥812{,}600$

〈キー操作〉 4,820 [×] 160 [+] 41,400 [=]

(4) $¥920{,}000 \times (1 - 0.87) = ¥119{,}600$

〈キー操作〉 1 [−][・] 87 [×] 920,000 [=]

(5) $€1 \times \frac{¥8{,}509}{¥129} = €65.96$

〈キー操作〉 ラウンドセレクターを5/4，小数点セレクターを2にセット
8,509 [÷] 129 [=]

(6) $¥340{,}000 \times (1 + 0.21) = ¥411{,}400$

〈キー操作〉 340,000 [×] 1.21 [=]

(7) $¥950{,}000 \times 0.028 \times \frac{16}{12} = ¥35{,}466$

〈キー操作〉 ラウンドセレクターをCUT，小数点セレクターを0にセット
950,000 [×][・] 028 [×] 16 [÷] 12 [=]

(8) $25{,}680\text{人} \div 24{,}000\text{人} - 1 = 0.07$　　7%

または，$25{,}680\text{人} - 24{,}000\text{人} = 1{,}680\text{人}$（増加人数）

$1{,}680\text{人} \div 24{,}000\text{人} = 0.07$

〈キー操作〉 25,680 [÷] 24,000 [−] 1 [%]
または，25,680 [−] 24,000 [÷] 24,000 [%]

(9) $1\text{英トン} \times \frac{52{,}700\text{kg}}{1{,}016\text{kg}} = 52\text{英トン}$

〈キー操作〉 ラウンドセレクターを5/4，小数点セレクターを0にセット
52,700 [÷] 1,016 [=]

(10) $10\text{束} \times \frac{¥310{,}800}{¥8{,}400} = 370\text{束}$

〈キー操作〉 10 [×] 310,800 [÷] 8,400 [=]

(11) $¥116 \times \frac{\$36.94}{\$1} = ¥4{,}285$

〈キー操作〉 ラウンドセレクターを5/4，小数点セレクターを0にセット
116 [×] 36.94 [=]

(12) $0.3048\text{m} \times \frac{739\text{ft}}{1\text{ft}} = 225\text{m}$

〈キー操作〉 ラウンドセレクターを5/4，小数点セレクターを0にセット
[・] 3048 [×] 739 [=]

(13) $¥830{,}400 \div ¥865{,}000 = 0.96$　　96%

〈キー操作〉 830,400 [÷] 865,000 [%]

(14) 10/11〜12/25（片落とし）…75日

$¥470{,}000 \times 0.03 \times \frac{75}{365} = ¥2{,}897$

〈キー操作〉 ラウンドセレクターをCUT，小数点セレクターを0にセット
470,000 [×][・] 03 [×] 75 [÷] 365 [=]

(15) $¥252{,}000 \div ¥720{,}000 = 0.35$　　3割5分

〈キー操作〉 252,000 [÷] 720,000 [=]

(16) $\$1 \times \frac{¥1{,}749}{¥112} = \$15.62$

〈キー操作〉 ラウンドセレクターを5/4，小数点セレクターを2にセット
1,749 [÷] 112 [=]

(17) $¥510{,}000 \times 0.043 \times \frac{8}{12} = ¥14{,}620$（利息）

$¥510{,}000 + ¥14{,}620 = ¥524{,}620$

〈キー操作〉 510,000 [M+][×][・] 043 [×] 8 [÷] 12 [M+][MR]

(18) $¥270{,}000 \times 0.09 = ¥24{,}300$

〈キー操作〉 270,000 [×][・] 09 [=]

(19) $¥147 \times \frac{£62.08}{£1} = ¥9{,}126$

〈キー操作〉 ラウンドセレクターを5/4，小数点セレクターを0にセット
147 [×] 62.08 [=]

(20) $¥537{,}000 \div (1 - 0.4) = ¥895{,}000$

〈キー操作〉 1 [−][・] 4 [M+] 537,000 [÷][MR][=]

第3級　第6回　普通計算部門

(A) 乗算問題

□ 珠算・電卓採点箇所　● 電卓のみ採点箇所

1	¥361,908	● ¥476,763	● 14.88%	19.60% (19.6%)
2	¥108,560		4.46%	
3	¥6,295		0.26%	
4	¥1,746,885	¥1,955,640	71.82%	● 80.40% (80.4%)
5	¥208,755		● 8.58%	
		● ¥2,432,403		

6	£26,745.58	£28,528.40	45.55%	● 48.58%
7	£1,775.28		● 3.02%	
8	£7.54		0.01%	
9	£29,835.80	● £30,190.61	● 50.81%	51.42%
10	£354.81		0.60% (0.6%)	
		● £58,719.01		

珠算各10点，100点満点　電卓各5点，100点満点

(B) 除算問題

1	¥35	¥2,193	0.52%	● 32.52%
2	¥2,071		30.71%	
3	¥87		● 1.29%	
4	¥142	● ¥4,551	2.11%	67.48%
5	¥4,409		● 65.38%	
		● ¥6,744		

6	$0.73	● $75.71	0.77%	79.52%
7	$5.38		5.65%	
8	$69.60		● 73.10% (73.1%)	
9	$0.94	$19.50	● 0.99%	● 20.48%
10	$18.56		19.49%	
		● $95.21		

珠算各10点，100点満点　電卓各5点，100点満点

(C) 見取算問題

No.	1	2	3	4	5
計	¥365,011	¥4,875	¥904,595	¥8,807,303	¥251,692
小計	● ¥1,274,481			¥9,058,995	
合計	● ¥10,333,476				
答え比率	3.53%	0.05%	● 8.75%	85.23%	● 2.44%
小計比率	12.33%			● 87.67%	

No.	6	7	8	9	10
計	€19,616.66	€66,098.91	€1,151.08	€555,344.85	€8,712.40
小計	€86,866.65			● €564,057.25	
合計	● €650,923.90				
答え比率	3.01%	● 10.15%	0.18%	● 85.32%	1.34%
小計比率	● 13.35%			86.65%	

珠算各10点，100点満点　電卓各5点，100点満点

第3級　第6回　ビジネス計算部門

［5点×20］

解答欄			
(1)	¥10,566	(11)	€57.34
(2)	¥2,265	(12)	¥817,000
(3)	¥835,700	(13)	¥3,472
(4)	374kg	(14)	¥210,000
(5)	¥779,100	(15)	4%（減少）
(6)	685m	(16)	670kg
(7)	¥99,000	(17)	¥929,110
(8)	139英ガロン	(18)	21米トン
(9)	¥5,850	(19)	¥7,665
(10)	¥460,000	(20)	18%

(1) $\text{¥}112\times\frac{\$94.34}{\$1}=\text{¥}10{,}566$

〈キー操作〉 ラウンドセレクターを5/4，小数点セレクターを0にセット
112 [×] 94.34 [=]

(2) $\text{¥}460{,}000\times0.031\times\frac{58}{365}=\text{¥}2{,}265$

〈キー操作〉 ラウンドセレクターをCUT，小数点セレクターを0にセット
460,000 [×][・] 031 [×] 58 [÷] 365 [=]

(3) $\text{¥}610{,}000\times(1+0.37)=\text{¥}835{,}700$

〈キー操作〉 610,000 [×] 1.37 [=]

(4) $0.4536\text{kg}\times\frac{824\text{lb}}{1\text{lb}}=374\text{kg}$

〈キー操作〉 ラウンドセレクターを5/4，小数点セレクターを0にセット
[・] 4536 [×] 824 [=]

(5) $\text{¥}530{,}000\times(1+0.47)=\text{¥}779{,}100$

〈キー操作〉 530,000 [×] 1.47 [=]

(6) $0.9144\text{m}\times\frac{749\text{yd}}{1\text{yd}}=685\text{m}$

〈キー操作〉 ラウンドセレクターを5/4，小数点セレクターを0にセット
[・] 9144 [×] 749 [=]

(7) $\text{¥}132{,}000\times(1-0.25)=\text{¥}99{,}000$

〈キー操作〉 1 [−][・] 25 [×] 132,000 [=]

(8) $1\text{英ガロン}\times\frac{633\text{L}}{4.546\text{L}}=139\text{英ガロン}$

〈キー操作〉 ラウンドセレクターを5/4，小数点セレクターを0にセット
633 [÷] 4.546 [=]

(9) $\text{¥}495\times\frac{230\text{m}}{1\text{m}}=\text{¥}113{,}850$（仕入金額）

$\text{¥}119{,}700-\text{¥}113{,}850=\text{¥}5{,}850$

〈キー操作〉 119,700 [M+] 495 [×] 230 [M−][MR]

(10) $\text{¥}340{,}400\div(1-0.26)=\text{¥}460{,}000$

〈キー操作〉 1 [−][・] 26 [M+] 340,400 [÷][MR][=]

(11) $€1\times\frac{\text{¥}7{,}684}{\text{¥}134}=€57.34$

〈キー操作〉 ラウンドセレクターを5/4，小数点セレクターを2にセット
7,684 [÷] 134 [=]

(12) $\text{¥}950{,}000\times0.86=\text{¥}817{,}000$

〈キー操作〉 950,000 [×][・] 86 [=]

(13) 5/12〜7/16（片落とし）…65日

$\text{¥}390{,}000\times0.05\times\frac{65}{365}=\text{¥}3{,}472$

〈キー操作〉 ラウンドセレクターをCUT，小数点セレクターを0にセット
390,000 [×][・] 05 [×] 65 [÷] 365 [=]

(14) $\text{¥}283{,}500\div(1+0.35)=\text{¥}210{,}000$

〈キー操作〉 283,500 [÷] 1.35 [=]

(15) $1-259{,}200\text{人}\div270{,}000\text{人}=0.04$　　4%

または，$270{,}000\text{人}-259{,}200\text{人}=10{,}800\text{人}$（減少人数）

$10{,}800\text{人}\div270{,}000\text{人}=0.04$

〈キー操作〉 259,200 [÷] 270,000 [−] 1 [%][±]
または，270,000 [M+][−] 259,200 [÷][MR][%]

(16) $10\text{kg}\times\frac{\text{¥}569{,}500}{\text{¥}8{,}500}=670\text{kg}$

〈キー操作〉 10 [×] 569,500 [÷] 8,500 [=]

(17) $\text{¥}910{,}000\times0.028\times\frac{9}{12}=\text{¥}19{,}110$（利息）

$\text{¥}910{,}000+\text{¥}19{,}110=\text{¥}929{,}110$

〈キー操作〉 910,000 [M+][×][・] 028 [×] 9 [÷] 12 [M+][MR]

(18) $1\text{米トン}\times\frac{19{,}500\text{kg}}{907.2\text{kg}}=21\text{米トン}$

〈キー操作〉 ラウンドセレクターを5/4，小数点セレクターを0にセット
19,500 [÷] 907.2 [=]

(19) $\text{¥}148\times\frac{£51.79}{£1}=\text{¥}7{,}665$

〈キー操作〉 ラウンドセレクターを5/4，小数点セレクターを0にセット
148 [×] 51.79 [=]

(20) $\text{¥}57{,}600\div\text{¥}320{,}000=0.18$　　18%

〈キー操作〉 57,600 [÷] 320,000 [%]

第3級　第7回　普通計算部門

(A) 乗算問題

□ 珠算・電卓採点箇所　● 電卓のみ採点箇所

1	¥134,619	¥754,866	1.25%	● 7.02%
2	¥619,542		● 5.77%	
3	¥705		0.01%	
4	¥9,990,276	● ¥9,990,802	● 92.97%	92.98%
5	¥526		0.00%(0%)	
		● ¥10,745,668		

6	$1,962.04	● $8,351.11	7.47%	31.77%
7	$432.87		1.65%	
8	$5,956.20		● 22.66%	
9	$570.78	$17,931.94	● 2.17%	● 68.23%
10	$17,361.16		66.05%	
		● $26,283.05		

珠算各10点，100点満点　電卓各5点，100点満点

(B) 除算問題

1	¥316	● ¥2,490	9.22%	72.68%
2	¥2,024		● 59.08%	
3	¥150		4.38%	
4	¥97	¥936	● 2.83%	● 27.32%
5	¥839		24.49%	
		● ¥3,426		

6	€0.42	€12.33	0.37%	● 10.75%
7	€6.03		5.26%	
8	€5.88		● 5.13%	
9	€94.75	● €102.36	● 82.61%	89.25%
10	€7.61		6.64%	
		● €114.69		

珠算各10点，100点満点　電卓各5点，100点満点

(C) 見取算問題

No.	1	2	3	4	5
計	¥958,695	¥77,814	¥9,274,145	¥47,563	¥10,913
小計	¥10,310,654			● ¥58,476	
合計	● ¥10,369,130				
答え比率	● 9.25%	0.75%	89.44%	● 0.46%	0.11%
小計比率	● 99.44%			0.56%	

No.	6	7	8	9	10
計	£1,656.98	£226,069.16	£1,713.41	£548,272.95	£7,783.60
小計	● £229,439.55			£556,056.55	
合計	● £785,496.10				
答え比率	0.21%	● 28.78%	0.22%	69.80%(69.8%)	● 0.99%
小計比率	29.21%			● 70.79%	

珠算各10点，100点満点　電卓各5点，100点満点

第3級　第7回　ビジネス計算部門　[5点×20]

解	答	欄	
(1)	¥261,280	(11)	¥382,200
(2)	¥9,478	(12)	¥181,078
(3)	48%（増し）	(13)	¥80,040
(4)	¥6,936	(14)	¥214,200
(5)	¥702,000	(15)	474lb
(6)	2,615ft	(16)	€79.20
(7)	¥570,999	(17)	3割2分
(8)	3,550L	(18)	¥5,231
(9)	¥910,000	(19)	8%（増加）
(10)	£62.31	(20)	¥1,117,200

(1) ¥3,680 × $\frac{710\text{kg}}{10\text{kg}}$ = ¥261,280

〈キー操作〉 3,680 [×] 710 [÷] 10 [=]

(2) ¥470,000 × 0.022 × $\frac{11}{12}$ = ¥9,478

〈キー操作〉 ラウンドセレクターをCUT，小数点セレクターを0にセット

470,000 [×][・] 022 [×] 11 [÷] 12 [=]

(3) ¥873,200 ÷ ¥590,000 − 1 = 0.48　　48%

または，¥873,200 − ¥590,000 = ¥283,200（増加額）

¥283,200 ÷ ¥590,000 = 0.48

〈キー操作〉 873,200 [÷] 590,000 [−] 1 [%]

または，873,200 [−] 590,000 [÷] 590,000 [%]

(4) ¥115 × $\frac{\$60.31}{\$1}$ = ¥6,936

〈キー操作〉 ラウンドセレクターを5/4，小数点セレクターを0にセット

115 [×] 60.31 [=]

(5) ¥2,760 × $\frac{7{,}200\text{個}}{30\text{個}}$ + ¥39,600 = ¥702,000

〈キー操作〉 2,760 [×] 7,200 [÷] 30 [+] 39,600 [=]

(6) 1ft × $\frac{797\text{m}}{0.3048\text{m}}$ = 2,615ft

〈キー操作〉 ラウンドセレクターを5/4，小数点セレクターを0にセット

797 [÷][・] 3048 [=]

(7) 3/6〜5/9（片落とし）…64日

¥570,000 × 0.01 × $\frac{64}{365}$ = ¥999（利息）

¥570,000 + ¥999 = ¥570,999

〈キー操作〉 ラウンドセレクターをCUT，小数点セレクターを0にセット

570,000 [M+][×][・] 01 [×] 64 [÷] 365 [M+][MR]

(8) 3.785L × $\frac{938\text{米ガロン}}{1\text{米ガロン}}$ = 3,550L

〈キー操作〉 ラウンドセレクターを5/4，小数点セレクターを0にセット

3.785 [×] 938 [=]

(9) ¥637,000 ÷ 0.7 = ¥910,000

〈キー操作〉 637,000 [÷][・] 7 [=]

(10) £1 × $\frac{¥8{,}973}{¥144}$ = £62.31

〈キー操作〉 ラウンドセレクターを5/4，小数点セレクターを2にセット

8,973 [÷] 144 [=]

(11) ¥490,000 × 0.78 = ¥382,200

〈キー操作〉 490,000 [×][・] 78 [=]

(12) ¥180,000 × 0.027 × $\frac{81}{365}$ = ¥1,078（利息）

¥180,000 + ¥1,078 = ¥181,078

〈キー操作〉 ラウンドセレクターをCUT，小数点セレクターを0にセット

180,000 [M+][×][・] 027 [×] 81 [÷] 365 [M+][MR]

(13) ¥120 × $\frac{2{,}300\text{L}}{1\text{L}}$ × 0.29 = ¥80,040

〈キー操作〉 120 [×] 2,300 [×][・] 29 [=]

(14) ¥140,000 × (1 + 0.53) = ¥214,200

〈キー操作〉 140,000 [×] 1.53 [=]

(15) 1lb × $\frac{215\text{kg}}{0.4536\text{kg}}$ = 474lb

〈キー操作〉 ラウンドセレクターを5/4，小数点セレクターを0にセット

215 [÷][・] 4536 [=]

(16) €1 × $\frac{¥9{,}821}{¥124}$ = €79.20

〈キー操作〉 ラウンドセレクターを5/4，小数点セレクターを2にセット

9,821 [÷] 124 [=]

(17) ¥243,200 ÷ ¥760,000 = 0.32　　3割2分

〈キー操作〉 243,200 [÷] 760,000 [=]

(18) ¥670,000 × 0.038 × $\frac{75}{365}$ = ¥5,231

〈キー操作〉 ラウンドセレクターをCUT，小数点セレクターを0にセット

670,000 [×][・] 038 [×] 75 [÷] 365 [=]

(19) 550,800トン ÷ 510,000トン − 1 = 0.08　　8%

または，550,800トン − 510,000トン = 40,800トン（増加量）

40,800トン ÷ 510,000トン = 0.08

〈キー操作〉 550,800 [÷] 510,000 [−] 1 [%]

または，550,800 [−] 510,000 [÷] 510,000 [%]

(20) ¥840,000 × (1 + 0.33) = ¥1,117,200

〈キー操作〉 840,000 [×] 1.33 [=]

第3級　第8回　普通計算部門

(A) 乗算問題　　□ 珠算・電卓採点箇所　　● 電卓のみ採点箇所

1	¥59,352	¥391,913	1.41%	● 9.30% (9.3%)
2	¥157,263		3.73%	
3	¥175,298		● 4.16%	
4	¥2,691	● ¥3,821,311	0.06%	90.70% (90.7%)
5	¥3,818,620		● 90.63%	
		● ¥4,213,224		

6	€318.75	● €24,716.63	0.40% (0.4%)	30.73%
7	€24,320.43		● 30.23%	
8	€77.45		0.10% (0.1%)	
9	€48,642.40	€55,724.02	60.47%	● 69.27%
10	€7,081.62		● 8.80% (8.8%)	
		● €80,440.65		

珠算各10点，100点満点　　電卓各5点，100点満点

(B) 除算問題

1	¥13	¥1,397	0.18%	● 19.08%
2	¥609		● 8.32%	
3	¥775		10.58%	
4	¥5,031	● ¥5,925	● 68.71%	80.92%
5	¥894		12.21%	
		● ¥7,322		

6	£0.36	● £29.26	0.89%	72.02%
7	£4.62		11.37%	
8	£24.28		● 59.76%	
9	£1.57	£11.37	● 3.86%	● 27.98%
10	£9.80		24.12%	
		● £40.63		

珠算各10点，100点満点　　電卓各5点，100点満点

(C) 見取算問題

No.	1	2	3	4	5
計	¥26,606	¥6,386,431	¥11,656	¥8,131	¥9,445,782
小計	¥6,424,693			● ¥9,453,913	
合計	● ¥15,878,606				
答え比率	● 0.17%	40.22%	0.07%	0.05%	● 59.49%
小計比率	● 40.46%			59.54%	

No.	6	7	8	9	10
計	$5,202.78	$76,536.15	$5,479.71	$206,009.78	$40,249.25
小計	● $87,218.64			$246,259.03	
合計	● $333,477.67				
答え比率	1.56%	● 22.95%	1.64%	61.78%	● 12.07%
小計比率	26.15%			● 73.85%	

珠算各10点，100点満点　　電卓各5点，100点満点

第３級　第８回　ビジネス計算部門

［5点×20］

解	答	欄	
(1)	¥8,041	(11)	62米ガロン
(2)	¥3,420	(12)	¥70,300
(3)	514m	(13)	¥1,278
(4)	¥427,800	(14)	34%（増加）
(5)	¥655,128	(15)	$73.07
(6)	¥932,800	(16)	187台
(7)	¥12,741	(17)	34,544kg
(8)	¥590,000	(18)	¥821,981
(9)	2,195ft	(19)	£22.95
(10)	¥9,300	(20)	43%

(1) ¥47,300×0.17＝¥8,041

〈キー操作〉 47,300 [×][・] 17 [＝]

(2) $¥190,000\times0.027\times\frac{8}{12}$＝¥3,420

〈キー操作〉 190,000 [×][・] 027 [×] 8 [÷] 12 [＝]

(3) $0.9144\text{m}\times\frac{562\text{yd}}{1\text{yd}}$＝514m

〈キー操作〉 ラウンドセレクターを5/4，小数点セレクターを0にセット

[・] 9144 [×] 562 [＝]

(4) ¥930,000×0.46＝¥427,800

〈キー操作〉 930,000 [×][・] 46 [＝]

(5) 8/5〜10/16（片落とし）…72日

$¥650,000\times0.04\times\frac{72}{365}$＝¥5,128（利息）

¥650,000＋¥5,128＝¥655,128

〈キー操作〉 ラウンドセレクターをCUT，小数点セレクターを0にセット

650,000 [M+][×][・] 04 [×] 72 [÷] 365 [M+][MR]

(6) ¥530,000×(1＋0.76)＝¥932,800

〈キー操作〉 530,000 [×] 1.76 [＝]

(7) $¥131\times\frac{€97.26}{€1}$＝¥12,741

〈キー操作〉 ラウンドセレクターを5/4，小数点セレクターを0にセット

131 [×] 97.26 [＝]

(8) ¥713,900÷(1＋0.21)＝¥590,000

〈キー操作〉 713,900 [÷] 1.21 [＝]

(9) $1\text{ft}\times\frac{669\text{m}}{0.3048\text{m}}$＝2,195ft

〈キー操作〉 ラウンドセレクターを5/4，小数点セレクターを0にセット

669 [÷][・] 3048 [＝]

(10) $¥370\times\frac{810箱}{1箱}$＝¥299,700（仕入原価）

¥309,000−¥299,700＝¥9,300

〈キー操作〉 309,000 [M+] 370 [×] 810 [M−][MR]

(11) $1米ガロン\times\frac{235\text{L}}{3.785\text{L}}$＝62米ガロン

〈キー操作〉 ラウンドセレクターを5/4，小数点セレクターを0にセット

235 [÷] 3.785 [＝]

(12) $¥740\times\frac{950パック}{10パック}$＝¥70,300

〈キー操作〉 740 [×] 950 [÷] 10 [＝]

(13) $¥240,000\times0.036\times\frac{54}{365}$＝¥1,278

〈キー操作〉 ラウンドセレクターをCUT，小数点セレクターを0にセット

240,000 [×][・] 036 [×] 54 [÷] 365 [＝]

(14) 221,100人÷165,000人−1＝0.34　　34%

または　221,100人−165,000人＝56,100人（増加人数）

56,100人÷165,000人＝0.34

〈キー操作〉 221,100 [÷] 165,000 [−] 1 [%]

または，221,100 [−] 165,000 [÷] 165,000 [%]

(15) $\$1\times\frac{¥8,915}{¥122}$＝$73.07

〈キー操作〉 ラウンドセレクターを5/4，小数点セレクターを2にセット

8,915 [÷] 122 [＝]

(16) $10台\times\frac{¥488,070}{¥26,100}$＝187台

〈キー操作〉 10 [×] 488,070 [÷] 26,100 [＝]

(17) $1,016\text{kg}\times\frac{34英トン}{1英トン}$＝34,544kg

〈キー操作〉 1,016 [×] 34 [＝]

(18) $¥820,000\times0.014\times\frac{63}{365}$＝¥1,981（利息）

¥820,000＋¥1,981＝¥821,981

〈キー操作〉 ラウンドセレクターをCUT，小数点セレクターを0にセット

820,000 [M+][×][・] 014 [×] 63 [÷] 365 [M+][MR]

(19) $£1\times\frac{¥4,292}{¥187}$＝£22.95

〈キー操作〉 ラウンドセレクターを5/4，小数点セレクターを2にセット

4,292 [÷] 187 [＝]

(20) ¥412,800÷¥960,000＝0.43　　43%

〈キー操作〉 412,800 [÷] 960,000 [%]

第3級　第9回　普通計算部門

(A) 乗算問題

□ 珠算・電卓採点箇所　● 電卓のみ採点箇所

No.	答え	小計・合計	答え比率	小計比率
1	¥96,984	● ¥1,773,849	3.08%	56.38%
2	¥1,676,434		● 53.28%	
3	¥431		0.01%	
4	¥1,306,856	¥1,372,408	41.54%	● 43.62%
5	¥65,552		● 2.08%	
合計		● ¥3,146,257		

No.	答え	小計・合計	答え比率	小計比率
6	£354.96	£7,659.56	● 0.09%	● 1.96%
7	£7,298.82		1.86%	
8	£5.78		0.00%(0%)	
9	£383,082.90	● £384,058.88	● 97.80%(97.8%)	98.04%
10	£975.98		0.25%	
合計		● £391,718.44		

珠算各10点，100点満点　電卓各5点，100点満点

(B) 除算問題

No.	答え	小計・合計	答え比率	小計比率
1	¥550	¥805	17.00%(17%)	● 24.88%
2	¥209		● 6.46%	
3	¥46		1.42%	
4	¥1,692	● ¥2,430	● 52.30%(52.3%)	75.12%
5	¥738		22.81%	
合計		● ¥3,235		

No.	答え	小計・合計	答え比率	小計比率
6	$9.47	● $90.91	9.78%	93.92%
7	$0.63		0.65%	
8	$80.81		● 83.48%	
9	$3.75	$5.89	● 3.87%	● 6.08%
10	$2.14		2.21%	
合計		● $96.80		

珠算各10点，100点満点　電卓各5点，100点満点

(C) 見取算問題

No.	1	2	3	4	5
計	¥49,415	¥10,848	¥2,597,181	¥890,306	¥1,290,847
小計	¥2,657,444			● ¥2,181,153	
合計	● ¥4,838,597				
答え比率	● 1.02%	0.22%	53.68%	18.40%(18.4%)	● 26.68%
小計比率	● 54.92%			45.08%	

No.	6	7	8	9	10
計	€5,538.97	€3,258.65	€24,405.76	€45,460.70	€101,915.17
小計	● €33,203.38			€147,375.87	
合計	● €180,579.25				
答え比率	3.07%	1.80%(1.8%)	● 13.52%	25.17%	● 56.44%
小計比率	18.39%			● 81.61%	

珠算各10点，100点満点　電卓各5点，100点満点

第３級　第９回　ビジネス計算部門　［５点×20］

解	答	欄	
(1)	242m	(11)	¥3,825
(2)	$55.92	(12)	£20.27
(3)	¥400,200	(13)	¥710,000
(4)	¥380,000	(14)	56,246kg
(5)	¥151,970	(15)	3割1分
(6)	¥8,760	(16)	1,268lb
(7)	¥6,520	(17)	¥966,320
(8)	¥7,061	(18)	¥216,000
(9)	¥650,000	(19)	¥14,602
(10)	9%（減少）	(20)	¥860,200

(1) $\frac{793\text{ft}}{1\text{ft}}\times 0.3048\text{m}=242\text{m}$

〈キー操作〉 ラウンドセレクターを5/4，小数点セレクターを０にセット
793 [×][・] 3048 [=]

(2) $\$1\times\frac{\text{¥}6{,}431}{\text{¥}115}=\$55.92$

〈キー操作〉 ラウンドセレクターを5/4，小数点セレクターを２にセット
6,431 [÷] 115 [=]

(3) $\text{¥}580{,}000\times 0.69=\text{¥}400{,}200$

〈キー操作〉 580,000 [×][・] 69 [=]

(4) $\text{¥}247{,}000\div(1-0.35)=\text{¥}380{,}000$

〈キー操作〉 1 [−][・] 35 [M+] 247,000 [÷][MR][=]

(5) $\text{¥}140{,}000\times 0.054\times\frac{19}{12}=\text{¥}11{,}970$（利息）

$\text{¥}140{,}000+\text{¥}11{,}970=\text{¥}151{,}970$

〈キー操作〉 140,000 [M+][×][・] 054 [×] 19 [÷] 12 [M+][MR]

(6) $\text{¥}198{,}000-\left(\text{¥}4{,}980\times\frac{380\text{箱}}{10\text{箱}}\right)=\text{¥}8{,}760$

〈キー操作〉 198,000 [M+] 4,980 [×] 380 [÷] 10 [M−][MR]

(7) 7/18～9/26（片落とし）…70日

$\text{¥}850{,}000\times 0.04\times\frac{70}{365}=\text{¥}6{,}520$

〈キー操作〉 ラウンドセレクターをCUT，小数点セレクターを０にセット
850,000 [×][・] 04 [×] 70 [÷] 365 [=]

(8) $\text{¥}118\times\frac{\$59.84}{\$1}=\text{¥}7{,}061$

〈キー操作〉 ラウンドセレクターを5/4，小数点セレクターを０にセット
118 [×] 59.84 [=]

(9) $\text{¥}806{,}000\div(1+0.24)=\text{¥}650{,}000$

〈キー操作〉 806,000 [÷] 1.24 [=]

(10) $1-\text{¥}163{,}800\div\text{¥}180{,}000=0.09$　　9%

または，$\text{¥}180{,}000-\text{¥}163{,}800=\text{¥}16{,}200$（減少額）

$\text{¥}16{,}200\div\text{¥}180{,}000=0.09$

〈キー操作〉 163,800 [÷] 180,000 [−] 1 [%][+/−]
または，180,000 [M+][−] 163,800 [÷][MR][%]

(11) $\text{¥}270{,}000\times 0.034\times\frac{5}{12}=\text{¥}3{,}825$

〈キー操作〉 270,000 [×][・] 034 [×] 5 [÷] 12 [=]

(12) $£1\times\frac{\text{¥}3{,}729}{\text{¥}184}=£20.27$

〈キー操作〉 ラウンドセレクターを5/4，小数点セレクターを２にセット
3,729 [÷] 184 [=]

(13) $\text{¥}134{,}900\div 0.19=\text{¥}710{,}000$

〈キー操作〉 134,900 [÷][・] 19 [=]

(14) $907.2\text{kg}\times\frac{62\text{米トン}}{1\text{米トン}}=56{,}246\text{kg}$

〈キー操作〉 ラウンドセレクターを5/4，小数点セレクターを０にセット
907.2 [×] 62 [=]

(15) $\text{¥}111{,}600\div\text{¥}360{,}000=0.31$　　3割1分

〈キー操作〉 111,600 [÷] 360,000 [=]

(16) $1\text{lb}\times\frac{575\text{kg}}{0.4536\text{kg}}=1{,}268\text{lb}$

〈キー操作〉 ラウンドセレクターを5/4，小数点セレクターを０にセット
575 [÷][・] 4536 [=]

(17) $\text{¥}960{,}000\times 0.027\times\frac{89}{365}=\text{¥}6{,}320$（利息）

$\text{¥}960{,}000+\text{¥}6{,}320=\text{¥}966{,}320$

〈キー操作〉 ラウンドセレクターをCUT，小数点セレクターを０にセット
960,000 [M+][×][・] 027 [×] 89 [÷] 365 [M+][MR]

(18) $\text{¥}480{,}000\times(1-0.55)=\text{¥}216{,}000$

〈キー操作〉 1 [−][・] 55 [×] 480,000 [=]

(19) $\text{¥}148\times\frac{€98.66}{€1}=\text{¥}14{,}602$

〈キー操作〉 ラウンドセレクターを5/4，小数点セレクターを０にセット
148 [×] 98.66 [=]

(20) $\text{¥}724{,}500+\text{¥}23{,}500=\text{¥}748{,}000$（諸掛込原価）

$\text{¥}748{,}000\times(1+0.15)=\text{¥}860{,}200$

〈キー操作〉 724,500 [+] 23,500 [×] 1.15 [=]

第３級　第10回　普通計算部門

(A) 乗算問題

□ 珠算・電卓採点箇所　● 電卓のみ採点箇所

1	¥194,028	● ¥54,194,841	0.34%	96.28%
2	¥183		0.00%(0%)	
3	¥54,000,630		● 95.94%	
4	¥74,202	¥2,092,602	● 0.13%	● 3.72%
5	¥2,018,400		3.59%	
		● ¥56,287,443		

6	$11,657.88	$19,700.63	● 2.99%	● 5.06%
7	$1.99		0.00%(0%)	
8	$8,040.76		2.06%	
9	$8,131.36	● $369,887.86	2.09%	94.94%
10	$361,756.50		● 92.86%	
		● $389,588.49		

珠算各10点，100点満点　電卓各5点，100点満点

(B) 除算問題

1	¥62	¥6,373	0.92%	● 94.51%
2	¥5,473		81.17%	
3	¥838		● 12.43%	
4	¥201	● ¥370	2.98%	5.49%
5	¥169		● 2.51%	
		● ¥6,743		

6	€0.34	● €10.29	0.38%	11.37%
7	€5.80		● 6.41%	
8	€4.15		4.58%	
9	€9.97	€80.23	● 11.01%	● 88.63%
10	€70.26		77.62%	
		● €90.52		

珠算各10点，100点満点　電卓各5点，100点満点

(C) 見取算問題

No.	1	2	3	4	5
計	¥540,705	¥48,442	¥938,892	¥4,844,038	¥3,356
小計	¥1,528,039			● ¥4,847,394	
合計	● ¥6,375,433				
答え比率	8.48%	0.76%	● 14.73%	● 75.98%	0.05%
小計比率	● 23.97%			76.03%	

No.	6	7	8	9	10
計	£19,595.84	£622.34	£559,999.96	£2,971.38	£70,111.16
小計	● £580,218.14			£73,082.54	
合計	● £653,300.68				
答え比率	3.00%(3%)	0.10%(0.1%)	● 85.72%	● 0.45%	10.73%
小計比率	88.81%			● 11.19%	

珠算各10点，100点満点　電卓各5点，100点満点

第３級　第10回　ビジネス計算部門　［5点×20］

解答欄			
(1)	785m	(11)	¥261,620
(2)	¥98,600	(12)	155kg
(3)	¥7,530	(13)	¥932,200
(4)	85英トン	(14)	2割3分
(5)	¥54,625	(15)	191英ガロン
(6)	¥44,640	(16)	¥350,000
(7)	¥37,800	(17)	¥682,272
(8)	¥6,210	(18)	¥262,700
(9)	¥55,800	(19)	¥4,027
(10)	£12.60	(20)	81米トン

(1) $0.9144\text{m}\times\frac{859\text{yd}}{1\text{yd}}=785\text{m}$

〈キー操作〉 ラウンドセレクターを5/4，小数点セレクターを0にセット

・ 9144 × 859 ＝

(2) ¥170,000×(1－0.42)＝¥98,600

〈キー操作〉 1 － ・ 42 × 170,000 ＝

(3) $¥139\times\frac{€54.17}{€1}=¥7,530$

〈キー操作〉 ラウンドセレクターを5/4，小数点セレクターを0にセット

139 × 54.17 ＝

(4) $1英トン\times\frac{¥323,000}{¥3,800}=85英トン$

〈キー操作〉 323,000 ÷ 3,800 ＝

(5) $¥950,000\times0.046\times\frac{15}{12}=¥54,625$

〈キー操作〉 950,000 × ・ 046 × 15 ÷ 12 ＝

(6) $¥620\times\frac{720ダース}{10ダース}=¥44,640$

〈キー操作〉 620 × 720 ÷ 10 ＝

(7) ¥140,000×0.27＝¥37,800

〈キー操作〉 140,000 × ・ 27 ＝

(8) $¥470,000\times0.053\times\frac{91}{365}=¥6,210$

〈キー操作〉 ラウンドセレクターをCUT，小数点セレクターを0にセット

470,000 × ・ 053 × 91 ÷ 365 ＝

(9) ¥930,000×0.06＝¥55,800

〈キー操作〉 930,000 × ・ 06 ＝

(10) $£1\times\frac{¥2,104}{¥167}=£12.60$

〈キー操作〉 ラウンドセレクターを5/4，小数点セレクターを2にセット

2,104 ÷ 167 ＝

(11) $¥260,000\times0.035\times\frac{65}{365}=¥1,620$（利息）

¥260,000＋¥1,620＝¥261,620

〈キー操作〉 ラウンドセレクターをCUT，小数点セレクターを0にセット

260,000 M+ × ・ 035 × 65 ÷ 365 M+ MR

(12) $0.4536\text{kg}\times\frac{342\text{lb}}{1\text{lb}}=155\text{kg}$

〈キー操作〉 ラウンドセレクターを5/4，小数点セレクターを0にセット

・ 4536 × 342 ＝

(13) ¥790,000×(1＋0.18)＝¥932,200

〈キー操作〉 790,000 × 1.18 ＝

(14) ¥131,100÷¥570,000＝0.23　　2割3分

〈キー操作〉 131,100 ÷ 570,000 ＝

(15) $1英ガロン\times\frac{869\text{L}}{4.546\text{L}}=191英ガロン$

〈キー操作〉 ラウンドセレクターを5/4，小数点セレクターを0にセット

869 ÷ 4.546 ＝

(16) ¥451,500÷(1＋0.29)＝¥350,000

〈キー操作〉 451,500 ÷ 1.29 ＝

(17) 12/5～翌2/4（片落とし）…61日

$¥680,000\times0.02\times\frac{61}{365}=¥2,272$（利息）

¥680,000＋¥2,272＝¥682,272

〈キー操作〉 ラウンドセレクターをCUT，小数点セレクターを0にセット

680,000 M+ × ・ 02 × 61 ÷ 365 M+ MR

(18) ¥710,000×0.37＝¥262,700

〈キー操作〉 710,000 × ・ 37 ＝

(19) $¥102\times\frac{\$39.48}{\$1}=¥4,027$

〈キー操作〉 ラウンドセレクターを5/4，小数点セレクターを0にセット

102 × 39.48 ＝

(20) $1米トン\times\frac{73,600\text{kg}}{907.2\text{kg}}=81米トン$

〈キー操作〉 ラウンドセレクターを5/4，小数点セレクターを0にセット

73,600 ÷ 907.2 ＝

〔第146回〕

第３級　普通計算部門

（令和５年６月18日実施）

(A) 乗算問題

番号	答		小計・合計	構成比率	構成比率
(1)	¥287,712	小計	¥1,874,288	● 10.59%	● 69.00% (69%)
(2)	¥1,544,676			56.86%	
(3)	¥41,900			1.54%	
(4)	¥57,708	小計	● ¥842,268	● 2.12%	31.00% (31%)
(5)	¥784,560			28.88%	
		合計	● ¥2,716,556		

番号	答		小計・合計	構成比率	構成比率
(6)	£6,055.43	小計	● £64,143.81	9.24%	97.89%
(7)	£7,119.98			10.87%	
(8)	£50,968.40			● 77.78%	
(9)	£475.35	小計	£1,384.50	0.73%	● 2.11%
(10)	£909.15			● 1.39%	
		合計	● £65,528.31		

珠算□各10点，100点満点

電卓各5点，100点満点
小計・合計・構成比率は●のみ採点

(B) 除算問題

番号	答		小計・合計	構成比率	構成比率
(1)	¥38	小計	● ¥583	1.11%	17.06%
(2)	¥502			● 14.69%	
(3)	¥43			1.26%	
(4)	¥876	小計	¥2,835	25.63%	● 82.94%
(5)	¥1,959			● 57.31%	
		合計	● ¥3,418		

番号	答		小計・合計	構成比率	構成比率
(6)	€9.84	小計	€85.35	● 9.23%	● 80.08%
(7)	€3.40			3.19%	
(8)	€72.11			67.66%	
(9)	€0.67	小計	● €21.23	● 0.63%	19.92%
(10)	€20.56			19.29%	
		合計	● €106.58		

珠算□各10点，100点満点

電卓各5点，100点満点
小計・合計・構成比率は●のみ採点

(C) 見取算問題

No.	(1)	(2)	(3)	(4)	(5)
計	¥27,930	¥9,430,488	¥1,498,420	¥3,237	¥752,906
小計	● ¥10,956,838			¥756,143	
合計	● ¥11,712,981				
構成比率	0.24%	80.51%	● 12.79%	0.03%	● 6.43%
	93.54%			● 6.46%	

No.	(6)	(7)	(8)	(9)	(10)
計	$3,215.58	$56,826.68	$88,703.79	$163,560.79	$23,518.08
小計	$148,746.05			● $187,078.87	
合計	● $335,824.92				
構成比率	0.96%	● 16.92%	26.41%	● 48.70% (48.7%)	7.00% (7%)
	● 44.29%			55.71%	

珠算□各10点，100点満点　　電卓各5点，100点満点　　小計·合計·構成比率は●のみ採点

第3級　ビジネス計算部門

(1)	¥461,500
(2)	€58.90
(3)	¥154,700
(4)	¥4,354
(5)	87 米トン
(6)	¥9,471
(7)	23%
(8)	78,650 人
(9)	¥966,100
(10)	¥247,480

(11)	¥640,000
(12)	820 枚
(13)	¥190,274
(14)	¥6,507
(15)	318 L
(16)	5割8分
(17)	¥1,627
(18)	¥309,000
(19)	2,208 ft
(20)	¥783,360

各5点，100点満点

第146回検定　第３級　ビジネス計算部門の解式

(1) $¥710,000 \times 0.65 = ¥461,500$

(2) $€1 \times \frac{¥8,364}{¥142} = €58.90$

(3) $¥910,000 \times 0.17 = ¥154,700$

(4) $¥870,000 \times 0.029 \times \frac{63}{365} = ¥4,354$

(5) $1\text{米トン} \times \frac{78,600\text{kg}}{907.2\text{kg}} = 87\text{米トン}$

(6) $¥165 \times \frac{£57.40}{£1} = ¥9,471$

(7) $¥80,500 \div ¥350,000 = 0.23$　　23%

(8) $55,000\text{人} \times (1 + 0.43) = 78,650\text{人}$

(9) $¥1,820 \times \frac{510\text{本}}{1\text{本}} + ¥37,900 = ¥966,100$

(10) $¥240,000 \times 0.034 \times \frac{11}{12} = ¥7,480$（利息）

$¥240,000 + ¥7,480 = ¥247,480$

(11) $¥403,200 \div (1 - 0.37) = ¥640,000$

(12) $1\text{枚} \times \frac{¥762,600}{¥930} = 820\text{枚}$

(13) $¥190,000 \times 0.006 \times \frac{88}{365} = ¥274$（利息）

$¥190,000 + ¥274 = ¥190,274$

(14) $¥139 \times \frac{\$46.81}{\$1} = ¥6,507$

(15) $3.785\text{L} \times \frac{84\text{米ガロン}}{1\text{米ガロン}} = 318\text{L}$

(16) $¥545,200 \div ¥940,000 = 0.58$　　5割8分

(17) 6/7～8/21（片落とし）…75日

$¥660,000 \times 0.012 \times \frac{75}{365} = ¥1,627$

(18) $¥278,100 \div 0.9 = ¥309,000$

(19) $1\text{ft} \times \frac{673\text{m}}{0.3048\text{m}} = 2,208\text{ft}$

(20) $¥7,200 \times \frac{850\text{セット}}{10\text{セット}} \times (1 + 0.28) = ¥783,360$

(A) 乗算問題

(1)	¥ 508,080	小計	¥ 617,316	11.23%	● 13.64%
(2)	¥ 106,683			● 2.36%	
(3)	¥ 2,553			0.06%	
(4)	¥ 735,380	小計	● ¥ 3,907,957	16.25%	86.36%
(5)	¥ 3,172,577			● 70.11%	
		合計	● ¥ 4,525,273		

(6)	$ 6,571.20	小計	● $ 87,292.62	4.98%	66.17%
(7)	$ 254.33			0.19%	
(8)	$ 80,467.09			● 60.99%	
(9)	$ 43,709.12	小計	$ 44,632.47	● 33.13%	● 33.83%
(10)	$ 923.35			0.70% (0.7%)	
		合計	● $ 131,925.09		

珠算 □ 各10点，100点満点

電卓各5点，100点満点
小計・合計・構成比率は●のみ採点

(B) 除算問題

(1)	¥ 51	小計	● ¥ 4,120	● 0.91%	73.62%
(2)	¥ 23			0.41%	
(3)	¥ 4,046			72.30% (72.3%)	
(4)	¥ 819	小計	¥ 1,476	● 14.64%	● 26.38%
(5)	¥ 657			11.74%	
		合計	● ¥ 5,596		

(6)	£ 0.92	小計	£ 72.11	1.02%	● 79.86%
(7)	£ 3.94			4.36%	
(8)	£ 67.25			● 74.48%	
(9)	£ 10.88	小計	● £ 18.18	12.05%	20.14%
(10)	£ 7.30			● 8.09%	
		合計	● £ 90.29		

珠算 □ 各10点，100点満点

電卓各5点，100点満点
小計・合計・構成比率は●のみ採点

(C) 見 取 算 問 題

No.	(1)	(2)	(3)	(4)	(5)
計	¥ 328,605	¥ 846,308	¥ 9,850,877	¥ 50,488	¥ 11,424
小計	¥ 11,025,790			● ¥ 61,912	
合計	● ¥ 11,087,702				
構成比率	2.96%	● 7.63%	88.85%	● 0.46%	0.10% (0.1%)
	● 99.44%			0.56%	

No.	(6)	(7)	(8)	(9)	(10)
計	€ 8,454.57	€ 194,273.57	€ 472.20	€ 77,717.73	€ 20,070.77
小計	● € 203,200.34			€ 97,788.50	
合計	● € 300,988.84				
構成比率	● 2.81%	64.55%	0.16%	25.82%	● 6.67%
	67.51%			● 32.49%	

珠算 □ 各10点，100点満点　　電卓各5点，100点満点　　小計・合計・構成比率は●のみ採点

第3級　ビジネス計算部門

(1)	¥ 5,373	(11)	3割2分
(2)	1,545 lb	(12)	¥ 1,059
(3)	¥ 550,800	(13)	86 米ガロン
(4)	¥ 4,515	(14)	¥ 343,000
(5)	¥ 842,100	(15)	218,700 人
(6)	¥ 710,000	(16)	905 m
(7)	16%	(17)	¥ 540,000
(8)	¥ 952,993	(18)	¥ 675,947
(9)	450 箱	(19)	$ 35.90
(10)	¥ 2,525	(20)	¥ 76,670

各5点，100点満点

第147回検定　第３級　ビジネス計算部門の解式

(1) $\text{¥}180 \times \frac{\text{£}29.85}{\text{£}1} = \text{¥}5{,}373$

(2) $1\text{lb} \times \frac{701\text{kg}}{0.4536\text{kg}} = 1{,}545\text{lb}$

(3) $\text{¥}810{,}000 \times 0.68 = \text{¥}550{,}800$

(4) $\text{¥}430{,}000 \times 0.014 \times \frac{9}{12} = \text{¥}4{,}515$

(5) $\text{¥}3{,}500 \times \frac{230\text{ダース}}{1\text{ダース}} + \text{¥}37{,}100 = \text{¥}842{,}100$

(6) $\text{¥}908{,}800 \div (1 + 0.28) = \text{¥}710{,}000$

(7) $\text{¥}102{,}400 \div \text{¥}640{,}000 = 0.16$　　16%

(8) $\text{¥}950{,}000 \times 0.025 \times \frac{46}{365} = \text{¥}2{,}993$（利息）

$\text{¥}950{,}000 + \text{¥}2{,}993 = \text{¥}952{,}993$

(9) $1\text{箱} \times \frac{\text{¥}540{,}000}{\text{¥}1{,}200} = 450\text{箱}$

(10) $\text{¥}153 \times \frac{\text{€}16.50}{\text{€}1} = \text{¥}2{,}525$

(11) $\text{¥}307{,}200 \div \text{¥}960{,}000 = 0.32$　　3割2分

(12) $\text{¥}780{,}000 \times 0.008 \times \frac{62}{365} = \text{¥}1{,}059$

(13) $1\text{米ガロン} \times \frac{325\text{L}}{3.785\text{L}} = 86\text{米ガロン}$

(14) $\text{¥}490{,}000 \times 0.7 = \text{¥}343{,}000$

(15) $270{,}000\text{人} \times (1 - 0.19) = 218{,}700\text{人}$

(16) $0.9144\text{m} \times \frac{990\text{yd}}{1\text{yd}} = 905\text{m}$

(17) $\text{¥}426{,}600 \div (1 - 0.21) = \text{¥}540{,}000$

(18) 5/2〜7/31（片落とし）…90日

$\text{¥}670{,}000 \times 0.036 \times \frac{90}{365} = \text{¥}5{,}947$（利息）

$\text{¥}670{,}000 + \text{¥}5{,}947 = \text{¥}675{,}947$

(19) $\$1 \times \frac{\text{¥}5{,}062}{\text{¥}141} = \$35.90$

(20) $\text{¥}8{,}200 \times \frac{550\text{個}}{10\text{個}} \times 0.17 = \text{¥}76{,}670$